U0231514

小さな子どものためのかわいい服

儿童手作服的裁剪缝纫教科书

（日）堀江直子 著
陈新平 译

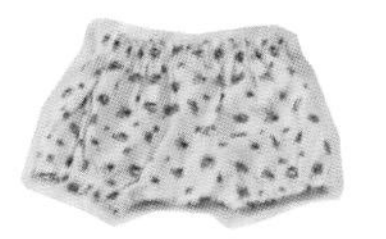

·北 京·

Publisher of Japanese edition: Sunao Onuma; Book-design: Kaori Okamura; Photography: Naoki Noda, Josui Yasuda[P36~P63 BUNKA PUBLISHING BUREAU]; Styling: Naoko Horie; Model : Una, Lorenzo, Touma; Dress making production & instruction: Mutsuko Sukegawa; Dress making assistance: Yoko Ikemura,HABUJUN; Digital trace: Satomi Dairaku[day studio]; Pattern grading: Kazuhiro Ueno; Proofreading: Masako Mukai; Editing: Norie Hirai [BUNKA PUBLISHING BUREAU]
Original Japanese edition published by EDUCATIONAL FOUNDATION BUNKA GAKUEN BUNKA PUBLISHING BUREAU

This Simplified Chinese edition published by arrangement with EDUCATIONAL FOUNDATION BUNKA GAKUEN BUNKA PUBLISHING BUREAU, Tokyo through HonnoKizuna, Inc., Tokyo, and Shinwon Agency Co. Beijing Representative Office, Beijing
本书中文简体字版由学校法人文化学园文化出版局授权化学工业出版社独家出版发行。

北京市版权局著作权合同登记号：01- 2017-4767

图书在版编目（CIP）数据

儿童手作服的裁剪缝纫教科书／（日）堀江直子著；陈新平译.
—北京：化学工业出版社，2020.7
ISBN 978-7-122-36650-4

Ⅰ. ①儿… Ⅱ. ①堀… ②陈… Ⅲ. ①童服-服装量裁 ②童服-服装缝制 Ⅳ. ①TS941.716

中国版本图书馆CIP数据核字（2020）第080002号

责任编辑：高　雅　　　　装帧设计：王秋萍
责任校对：张雨彤

出版发行：化学工业出版社（北京市东城区青年湖南街13号　邮政编码100011）
印　　装：北京宝隆世纪印刷有限公司
787mm×1092mm　1/16　印张4¼　彩插2　字数320千字　2020年8月北京第1版第1次印刷

购书咨询：010-64518888　　　　售后服务：010-64518899
网　　址：http://www.cip.com.cn
凡购买本书，如有缺损质量问题，本社销售中心负责调换。

定　价：79.80元

作者的话

我很喜欢童装。

一直以来，看到漂亮的童装就会囤积起来。

花边罩衣、碎花连衣裙，还有缩褶短裙、细褶连衣裙等。

女孩的衣服尤其漂亮，看着便令人赏心悦目，沉醉在幸福的心情之中。

于是，所思所欲变得繁多，心想或许选择自己喜欢的布料制作能够获得更多快乐。

所以，本书介绍了各种改变布料或长度的简洁设计款式。

而且，还有不少男女孩均可的中性款式。

还使用天鹅绒包扣、丝带、绒球等装饰，增添了童装特有的可爱感。

漂亮的布料，满满的爱心，再加上稍微的努力，便能为自己的小天使制作出极美的手工服。

大家不妨一试。

堀江直子

导读

缩褶短裙

将长方形布料缝合，腰围使用松紧带，样式简单的短裙，是百搭的基本款。缩褶量为一般。

制作方法 → p.36

第2张图为缩褶份量较多的款式。
轻薄布料可以采用大量缩褶，更加飘逸。

a. 缩褶短裙

冬季还能搭配毛衣和厚打底裤，棉质短裙一年四季都好用。

制作方法 → p.36

b. 罩裙

仅在a.款短裙基础上增加护胸。
绳带使用天鹅绒长丝带，作为点缀。

制作方法 → p.41

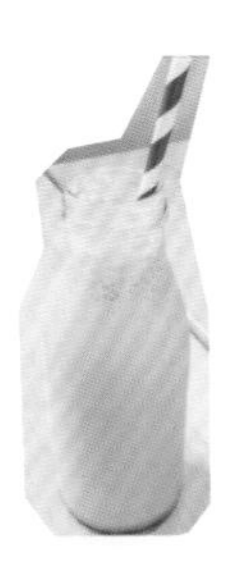

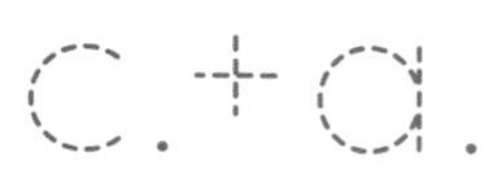

背心+缩褶短裙

圆领型的后开襟背心和缩褶短裙，组合成套装。
上下装统一，外出更要美美的。

制作方法 → p.36, 45

秋冬

春夏

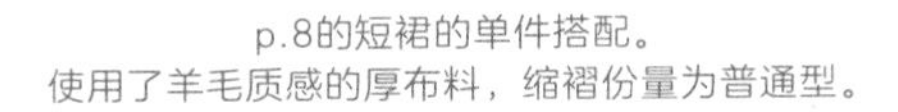

p.8的短裙的单件搭配。
使用了羊毛质感的厚布料，缩褶份量为普通型。

c.+a.

背心+缩褶短裙

羊毛布制作的后开襟背心和缩褶短裙，
瞬变冬天外出衣装。

制作方法 → p.36, 42

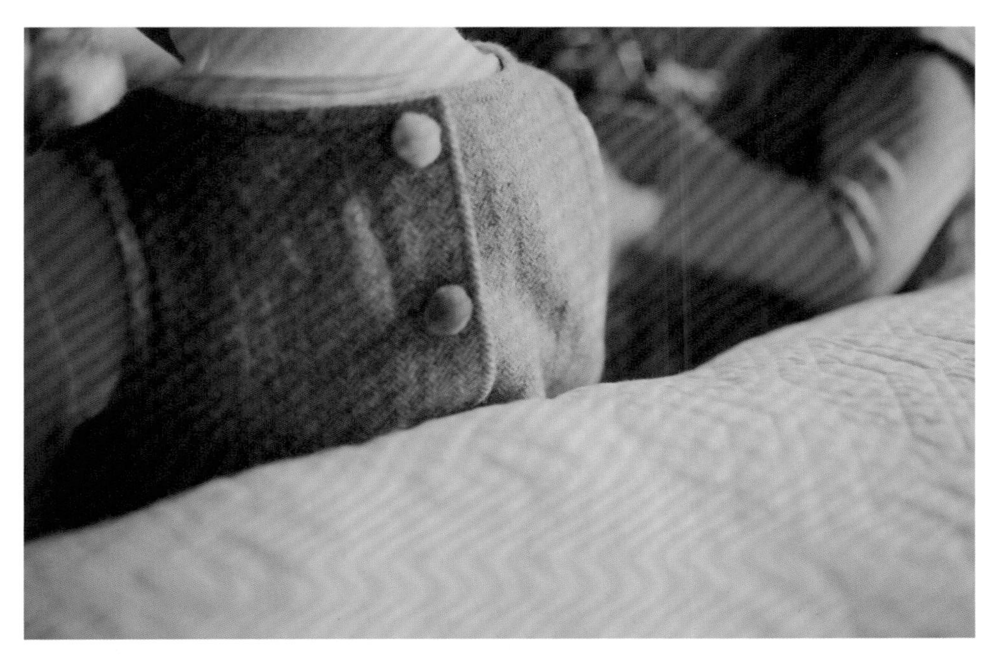

背心+猴裤

c.+d.

同样的羊毛面料设计成男孩款的背心。
后侧用按扣固定，还有绒球装饰的纽扣。
下身搭配羊毛布制作的过膝猴裤。

制作方法 → p.38, 42

手工印染的碎花布制作而成的清凉套装，
男女孩均能穿着的设计。
猴裤为过膝款式。

制作方法 → p.38, 45

10

c.+d.

背心+猴裤

上下装都使用怀旧风的格纹布。
背心后部仅上端固定，设计如围兜般。

制作方法 → p.38, 45

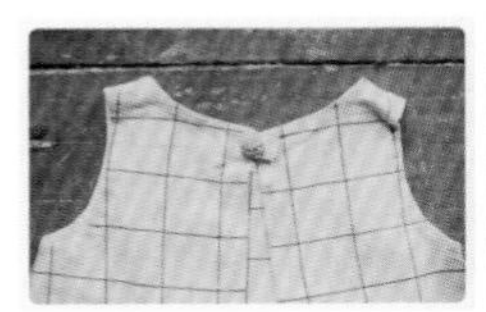

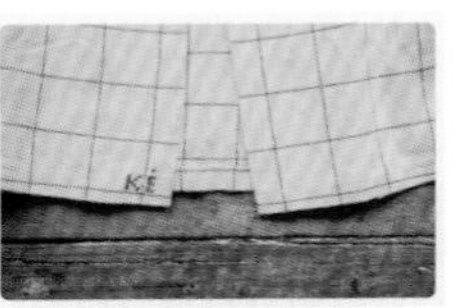

好开心!

c.+d.

背心+猴裤

背心用亚麻布制作，洗涤轻松且柔软贴身。
猴裤是过膝长度。

制作方法 → p.38, 42

荷叶边连衣裙

与c.的背心版型相同，加上荷叶边的连衣裙。
后面用按扣固定，天鹅绒丝带作为装饰。

制作方法 → p.46

同款连衣裙使用白色布料，
下摆的拼接布使用镂空镶边设计。

制作方法 → p.47

c.+a.

长背心+缩褶短裙

加长版的c.款背心，后侧系带成罩裙款式。
搭配格纹大小不同的缩褶短裙，很别致的套装组合。

制作方法 → p.36, 48

f. 腰围拼接连衣裙

没有复杂的袖拼接，简单缩褶的连衣裙。
使用较厚的亚麻布制作，任何季节都能穿着。

制作方法 → p.49

同款设计的自由印染作品。
领窝用荷叶边带点缀，依然在后部系带。

制作方法 → p.49

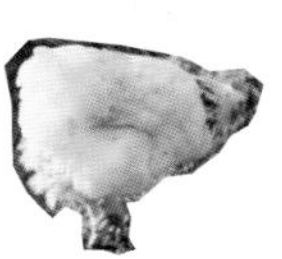

f. 腰围拼接连衣裙

羊毛布制作，适合冬季外出的穿着。可任意选择布料的万能款式。

制作方法 → p.49

g.

直筒连衣裙

将f.的T形延长制作的长筒连衣裙。
下摆缝接大绣球带，走路时下摆会摇曳的巧妙设计。

制作方法 → p.52

使用复古亚麻的碎花印花面料，
还有纯色口袋进行点缀的连衣裙。

制作方法 → p.53

h.+d.

吊带衫+猴裤

同款亚麻布制作的吊带衫和短款猴裤套装。

制作方法 → p..38, 55

h. 吊带连衣裙

吊带衫加长制作的连衣裙，使用轻盈透气的纱布面料。
而且，叠穿搭配也很合适。

制作方法 → p.56

h.+d.

吊带衫+猴裤

圆点棉布制作的吊带衫和短猴裤的组合。
适合夏季的轻盈便装。

制作方法 → p.38, 54

h.

吊带连衣裙

碎花印染面料和天鹅绒肩带搭配的甜美连衣裙。

制作方法 → p.55

细褶连衣裙

长方形布加细褶的简单连衣裙。
肩带使用天鹅绒丝带。

制作方法 → p.57

细褶抹胸+猴裤

缩褶衣片搭配短款猴裤，
呈现出可爱的比基尼款式。

制作方法 → p.38, 58

j.+a.

罩衫+缩褶短裙

与f.衣片相同版型的罩衫和缩褶短裙的组合，
均采用条纹亚麻布制作。

制作方法 → p.36, 61

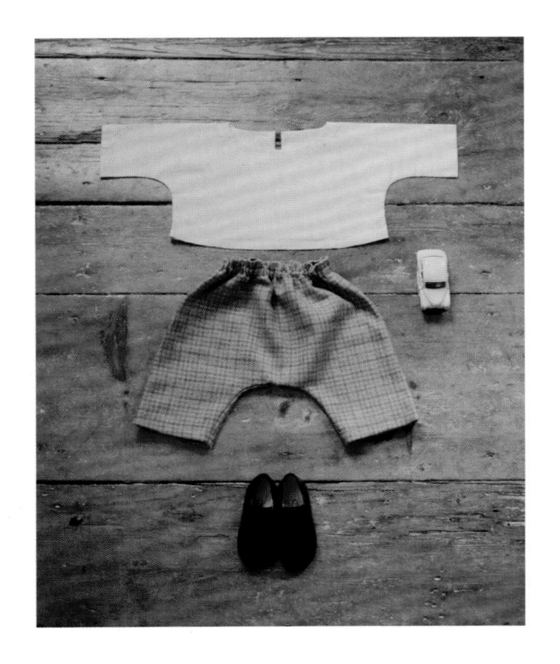

j.+d.

罩衫+猴裤

上：亚麻罩衫和过膝猴裤的搭配。
下：细条纹的棉布罩衫和羊毛布过膝猴裤的组合。
裤装下摆未穿松紧带，为直筒裤设计。

制作方法 → p.38, 60

l.+d.

细褶罩衣+猴裤

亚麻的短罩衣和过膝猴裤的搭配。
裤装可任意改变长度、面料，设计多变。

制作方法 → p.38, 57

at the beginning

缝纫所需工具

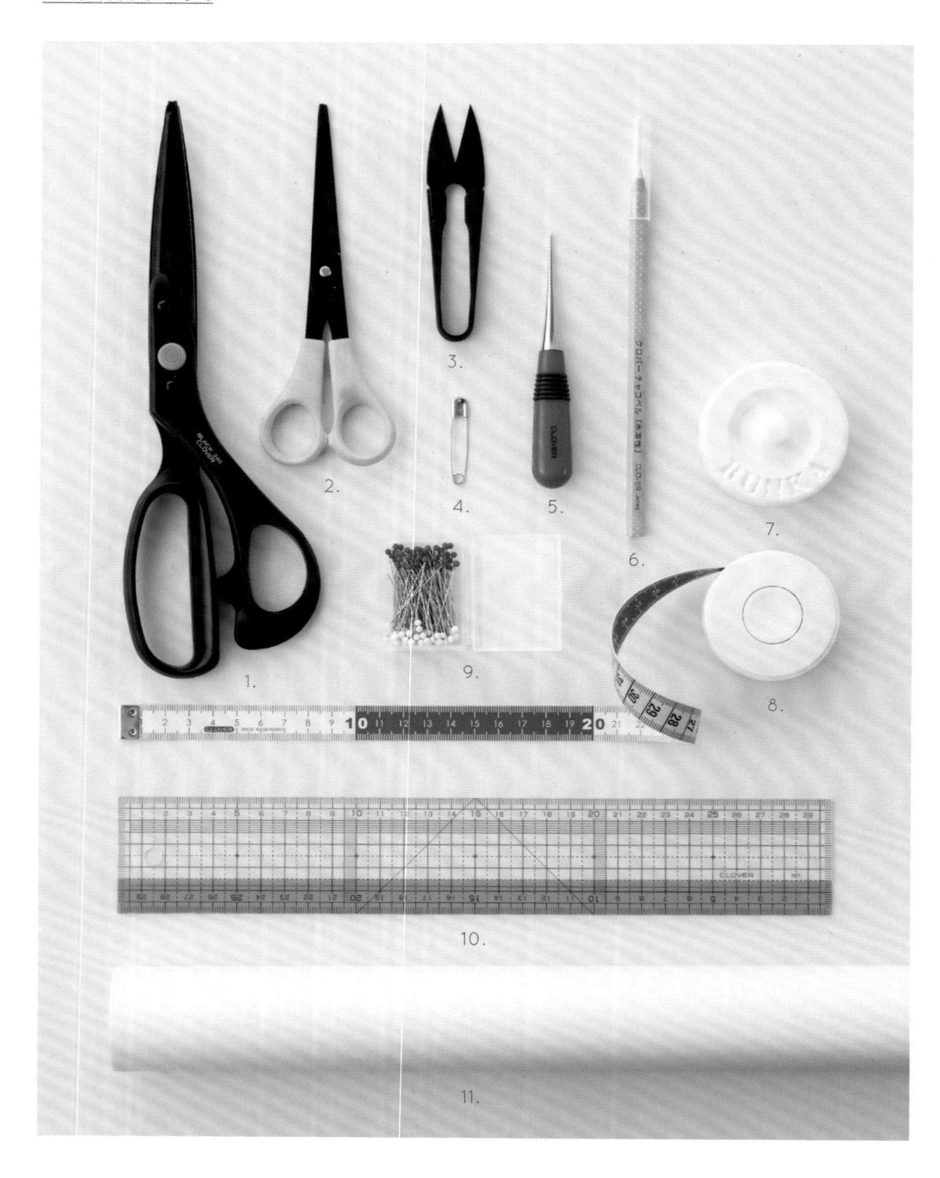

准备以下工具就能
万事俱备!

1. 裁布剪
裁剪布料时，为了保证剪裁效果，应与裁纸剪区分使用。

2. 裁纸剪
用于裁剪描印的纸型等。

3. 线头剪
用于剪断线头、精细操作等。

4. 别针
用于穿松紧带(→p.37)

5. 锥子
翻到正面时，用于整理边角、调整针脚等。

6. 标记笔
用于做标记。还有其他类型的笔，可根据喜好选用。

7. 纸镇
描印纸型时放上，防止移动。

8. 卷尺
用于量取孩子的尺寸或长距离。

9. 珠针
裁剪布料或缝纫时使用。

10. 方孔直尺
用于描印纸型或加缝份。

11. 描印纸
用于描印纸型。线透视可见，推荐使用。

线和针

车缝线……本书中使用60号缝纫线。
车缝针……本书使用11号车缝针。

使用适合布料的线和针，缝制过程更顺利，成品效果更好。此外，布料搭配颜色相似的线，针脚也不会很明显。
*本书的制作方法为了方便说明，特意使用了红色线。

布料

由于是给孩子做的衣服，所以本书中以棉布、亚麻布为主，秋冬季节时的衣服使用了羊毛布。
羊毛布建议选择不刺激皮肤的种类。此外，洗褪色的旧亚麻布也很柔软，同样推荐使用。

碎花棉布

英国LIBERTY公司的碎花印染布。

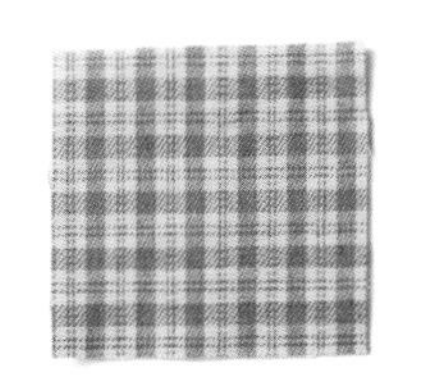

平纹棉布

穿着舒适的棉布最适合童装。

厚亚麻布

结实的厚亚麻布，也适合秋冬季的衣服。建议选择手感并不厚重的。

亚麻布

亚麻布结实，适合洗涤次数多的童装。任何亚麻布裁剪前都要洗涤一遍。

麻纱

织纹稍粗，非常轻柔的布料。干爽透气，适合夏装。

薄羊毛布

选择质感优良且触感舒适的布料。

厚羊毛布

本书所用的厚羊毛布均经过柔化处理，因为是给孩子做衣服，所以应尽可能轻柔。

旧亚麻布

长年使用后，质感变得柔和，也适用于童装。

桌布

童装的尺码小，也可使用现成的桌布。

尺码

本书的作品以下面的尺码为准，身高80/90/100/110cm均可制作。量取孩子的尺码，选择款型（以年龄为准）。
连衣裙或罩衣的长度根据孩子的实际身高调整。
裤装有4种，选择合适的长度。
依照本书，身高93cm的女孩可以穿着90cm和100cm的2种尺码。
100cm的衣服……p.16、18、20　90cm的衣服……左述以外

参考尺码表

身高	80 （18个月左右）	90 （24个月左右）	100 （3岁）	110 （4~5岁）
胸围	49	51	53	58
腰围	46	48	51	53
背宽	21	23	25	27
袖长	26	29	32	37

单位：cm

纸型的描印方法

将实物等大纸型描印于描印纸。纸型的线条因叠加而难以识别时，可以用记号笔描印所需线条，将描印纸的粗糙面朝上，并放置纸镇以免移动。贴紧直尺，用削尖的铅笔划直线（左下图）。曲线部分先徒手细致描点（右下图），再将点连接成线，就能形成正确的轮廓。
纸型描印完成之后，根据裁剪拼接图的要求完成缝份。成品线未知、缝制无参照时，可以用标记笔描印成品线，并加上缝份裁剪。

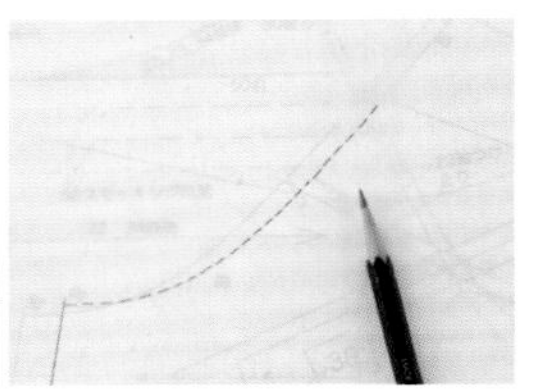

缩褶短裙

腰围穿入松紧带的简单短裙，分为普通缩褶款式和多缩褶款式。普通缩褶款式适合用于羊毛布等厚布，多缩褶款式适合用于印染的碎花棉布等薄布，显得更飘逸。缩褶份量根据喜好选择。

实物等大纸型 …… A面

材料 ＊从左依次是 80・90・100・110

<普通缩褶份量>
布（棉布、自由印染的碎花棉布、亚麻布、羊毛布等）：布宽 110cm80・90 为 40cm、100・110 为 50cm
（布宽 110cm 以上的布同样）

<多缩褶份量>
布宽 110cm×60cm（80）、70cm（90）、80cm（100）、90cm（110）
（布宽 110cm 以上的布同样）
松紧带：宽 9mm×42・43・44・45cm

制作方法

准备 侧边锁边车缝（使用全布宽时不需要）
厚布的腰围、下摆也要锁边车缝。
腰围和下摆的缝份熨烫折成成品状态。

01. 腰围留松紧带穿口，缝合侧边（缝份摊开）。
02. 下摆三折边（厚布双折边）缝合。
03. 腰围三折边（厚布双折边）缝合。
04. 从穿口处穿入松紧带。

［裁剪拼接图］

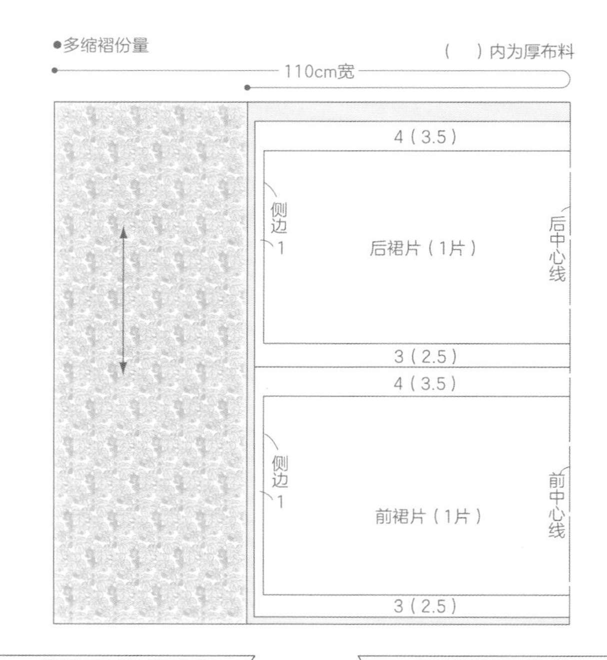

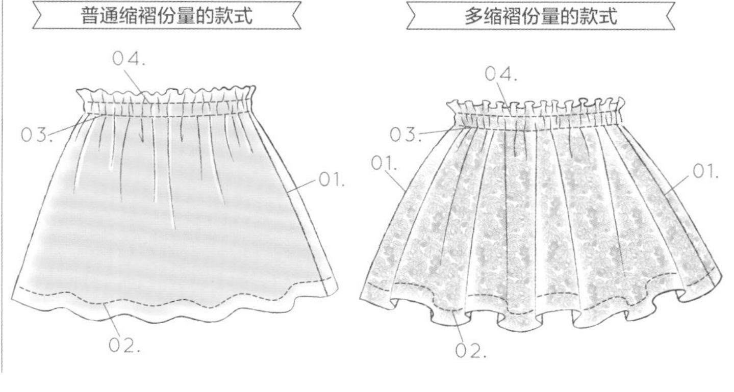

01. 腰围留松紧带穿口，缝合侧边。

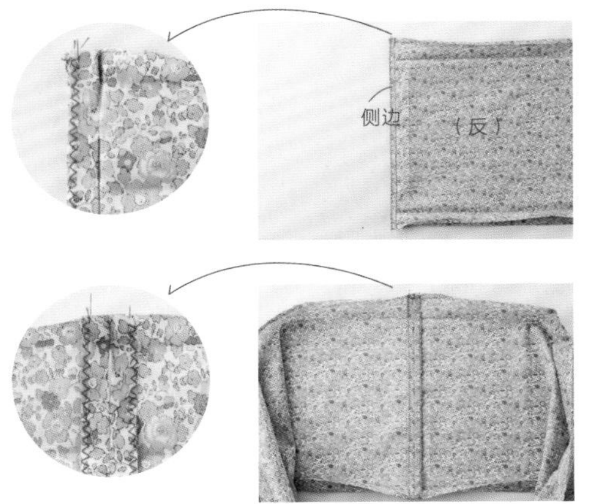

1
普通缩褶份量的短裙将布料正面向内对折，距离端部1cm位置开松紧带穿口，并缝制。多缩褶份量短裙将2片布料正面向内对合，另一侧的侧边从端部缝合至端部。

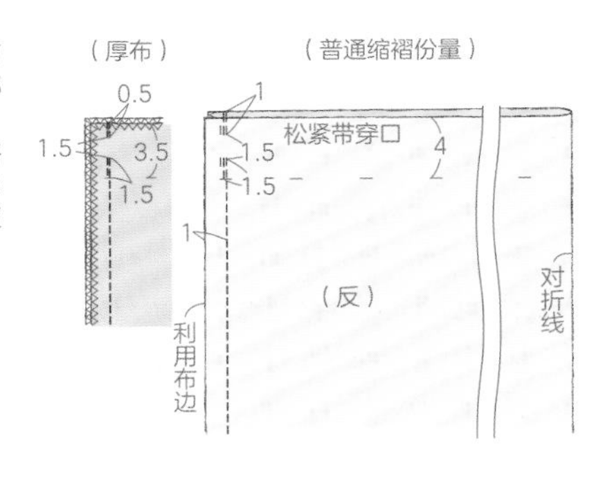

2
熨烫摊开缝份。

02.03. 下摆和腰围分别三折边（厚布双折边）缝合。

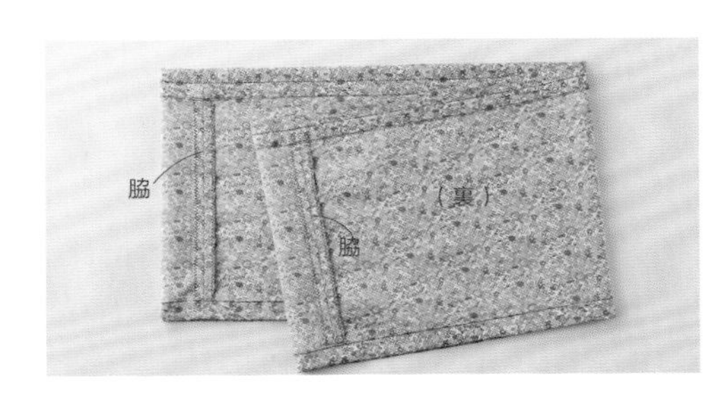

调整预先折入的下摆和腰围之后三折边，距离折入端0.2cm位置车缝。厚布则双折边，距离端部0.5cm位置车缝。

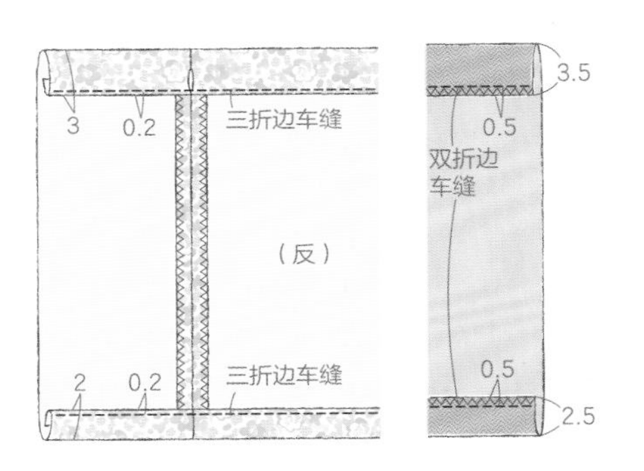

04. 从穿口处穿入松紧带。

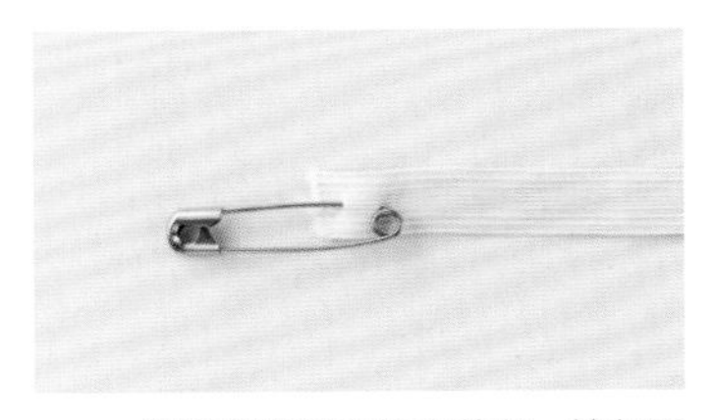

1 松紧带按指定长度剪断，端部固定别针。

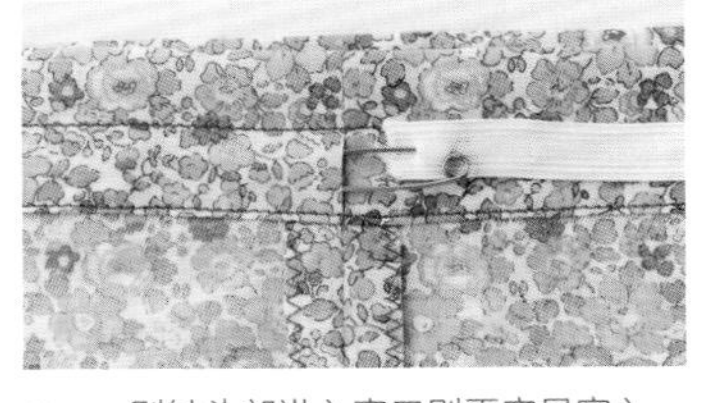

2 别针头部进入穿口则更容易穿入。

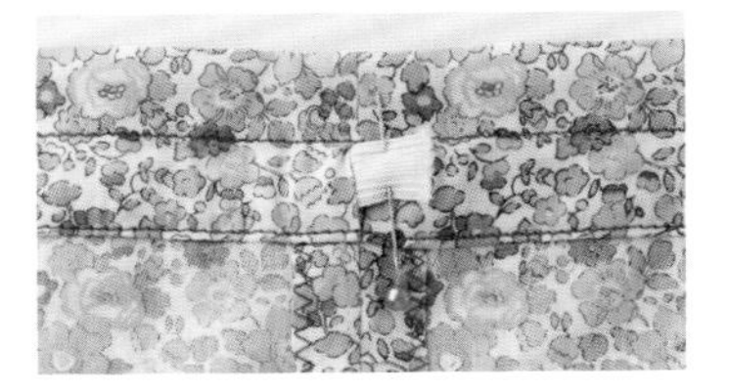

3 为了避免松紧带末端进入，用珠针固定于穿口边缘。

4 穿入结束之后，重合2cm缭缝。

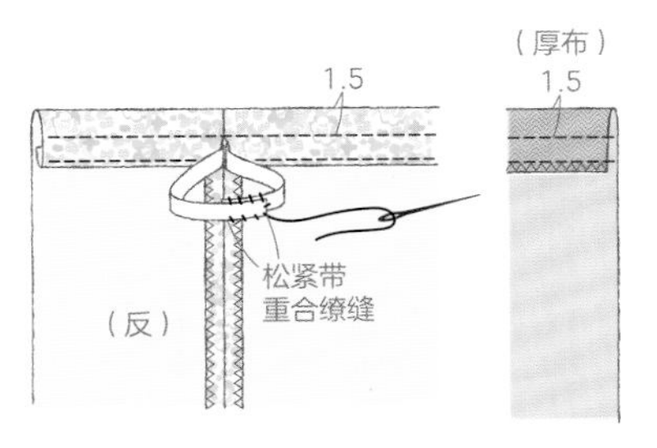

★松紧带长度=42・43・44・45cm

猴裤

前后同形的宽松猴裤。缝合位置少，制作简单。长度有四种，任意选择。羊毛布制作，冬季的温暖短裤。下摆没有穿入松紧带，宽松舒适。

实物等大纸型 …… B面

材料　*从左依次是：80・90・100・110

布料：

短裤 …………宽110cm×40cm（80・90）、50cm（100・110）
（宽110cm以上的布同样）

半短长裤 ……宽110cm×40cm（80）、50cm（90・100・110）
（宽110cm以上的布同样）

过膝长裤 ……宽110cm×50cm（80・90）、60cm（100）1.2m（110）
宽120cm以上的布料时×60cm（110）

长裤 …………宽110cm×60cm（80・90）、1.4m（100）、1.5m（110）
宽120cm以上的布料时×70cm（100）、80cm（110）

松紧带：（腰围份量）宽9mm×42・43・44・45cm
（下摆份量）宽5mm×46・48・50・52cm（短裤）
×46・48・50・52cm（半短长裤）
×42・44・46・48cm（过膝长裤）
×30・32・34・36cm（长裤）

制作方法　（→p.40）

准备　侧边锁边车缝。厚布的腰围、下摆也要锁边车缝。腰围和下摆的缝份熨烫折成成品状态。

01. 腰围留松紧带穿口，缝合侧边（缝份摊开）。
02. 腰围三折边（厚布双折边）缝合。
03. 腰围施加松紧带穿口用车缝。
04. 缝合下裆（2片一并锁边车缝。缝份压向后侧）。
05. 下摆三折边（厚布双折边）缝合。
06. 下摆施加松紧带穿口用车缝。
07. 腰围和下摆穿入松紧带。

短裤

半短长裤

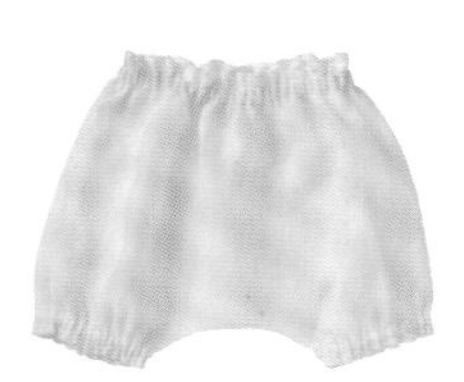

过膝长裤

长裤

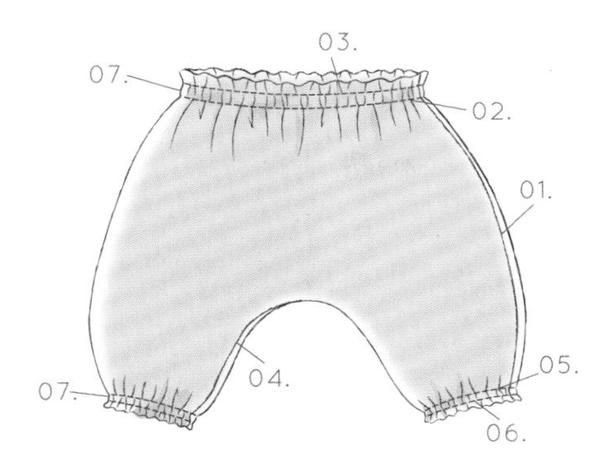

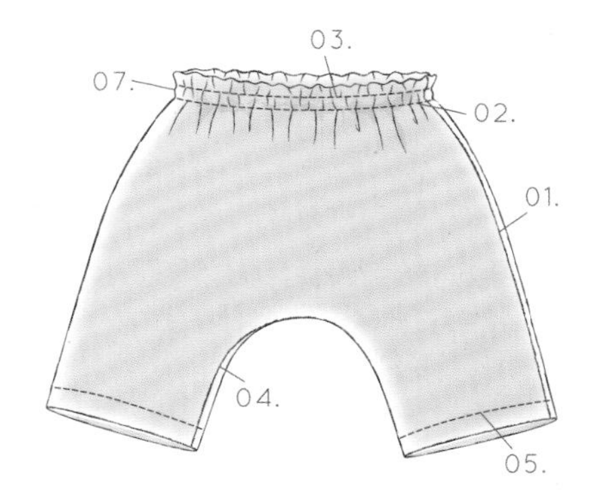

［裁剪拼接图］ （　）内为厚布料
宽110cm以上的布料也同样裁剪

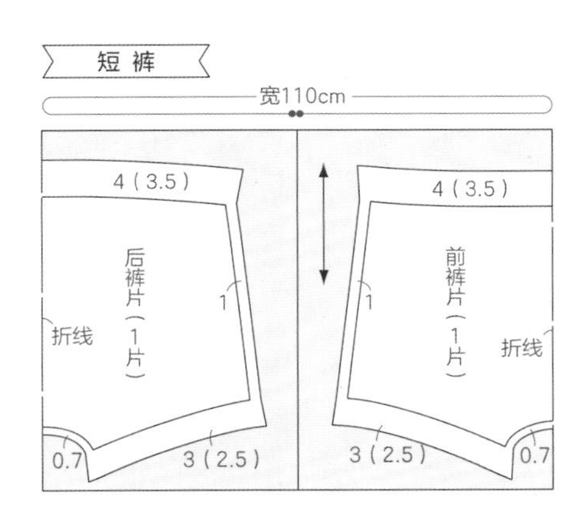

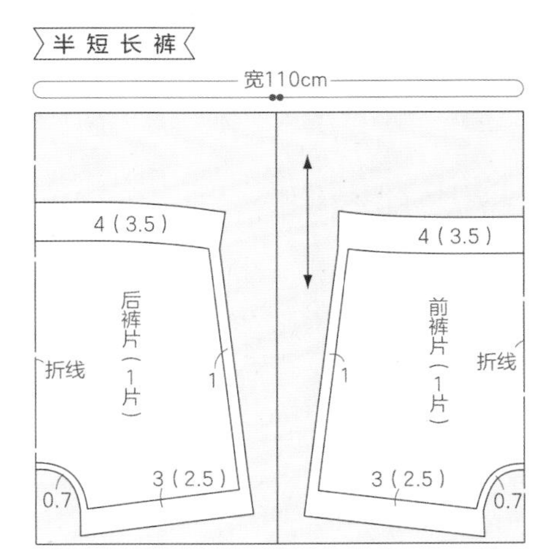

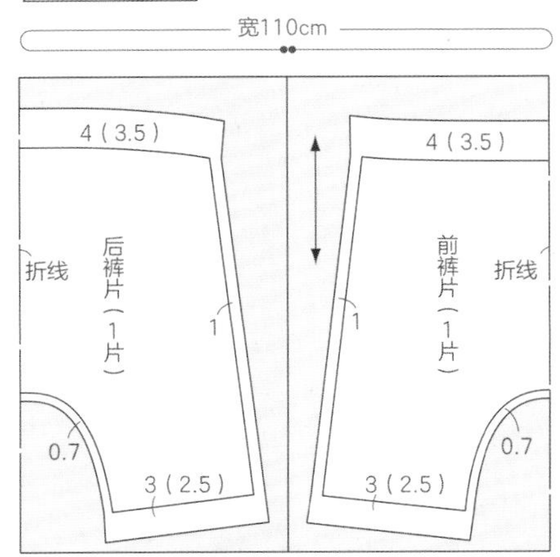

＊宽110cm时，身高110在前裤片上方裁剪后裤片

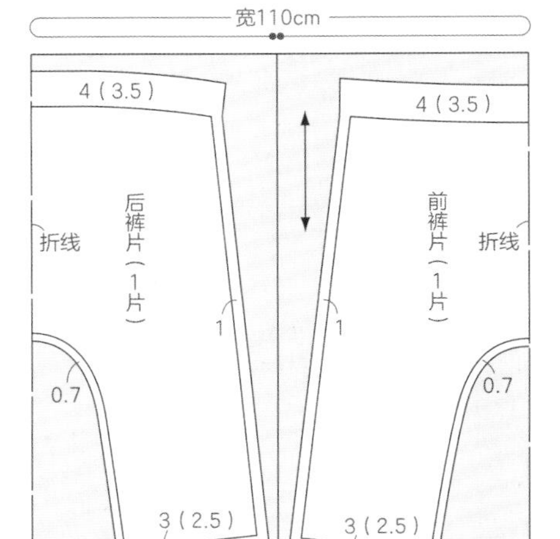

＊宽110cm时，身高100和110在前裤片上方裁剪后裤片

01. 腰围留松紧带穿口，缝合侧边（缝份摊开）。

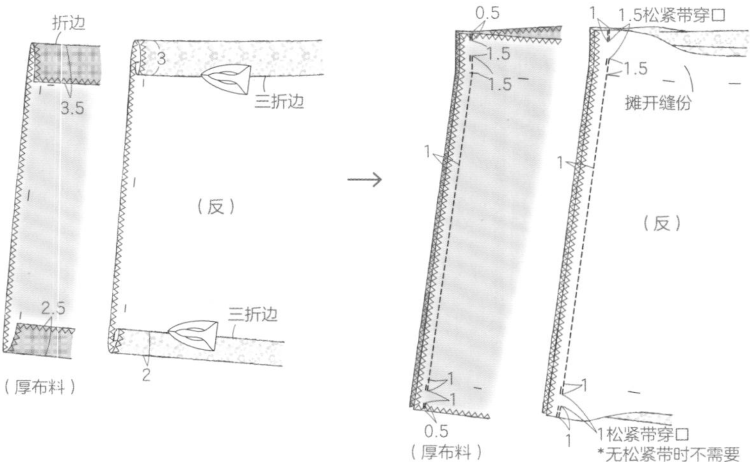

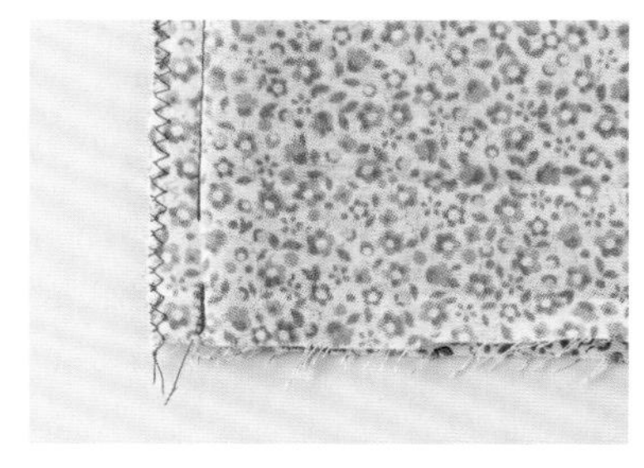

正面对合前后，缝合侧边。一端侧边的腰围和下摆开松紧带穿口。另一端侧边仅下摆开松紧带穿口。缝合结束之后，熨烫摊开缝份。

02.03.04. 缝合腰围，车缝松紧带穿口。缝合下裆。

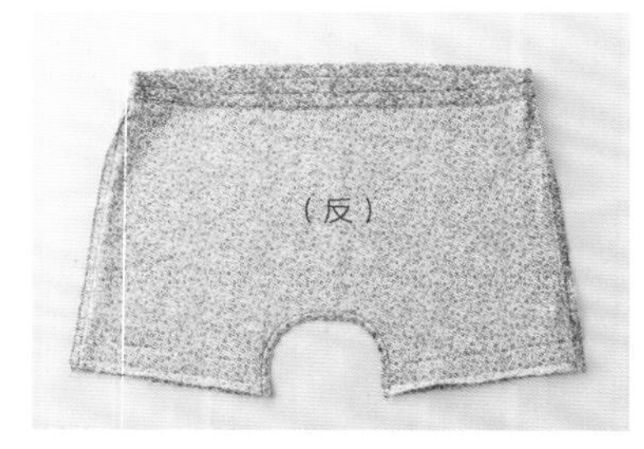

1 腰围三折边调整齐，距离折边 0.2cm 位置车缝。羊毛布等厚布料时（单）折边，距离端部 0.5cm 车缝。

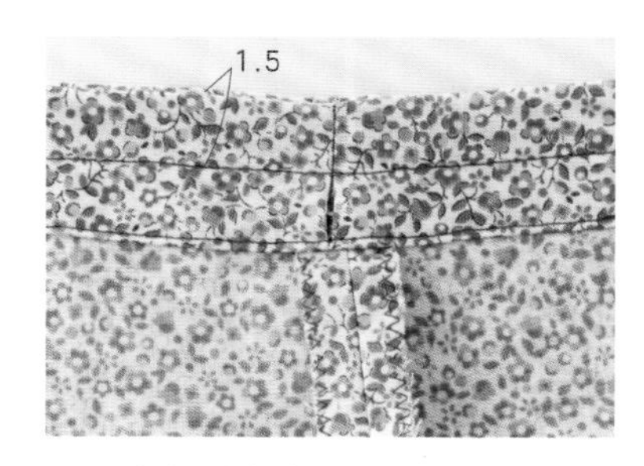

2 车缝松紧带穿口。

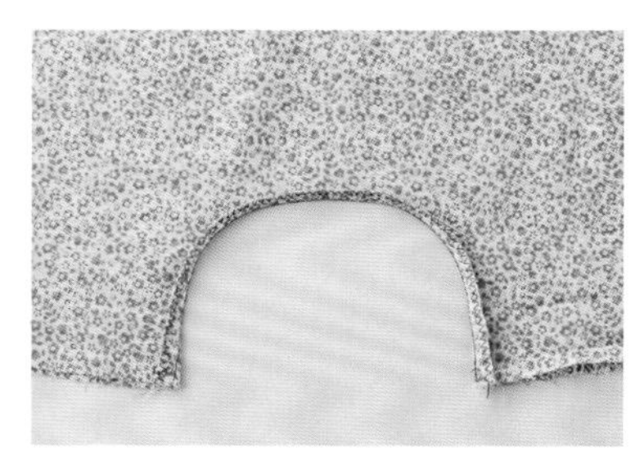

3 缝合下裆之后，2 片一并锁边车缝处理端部，缝份压向一侧。

05.06.07. 缝合下摆，车缝松紧带穿口，松紧带穿入腰围和下摆。

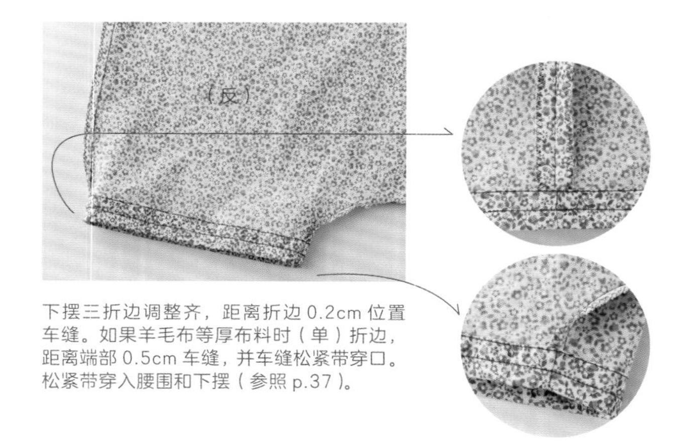

下摆三折边调整齐，距离折边 0.2cm 位置车缝。如果羊毛布等厚布料时（单）折边，距离端部 0.5cm 车缝，并车缝松紧带穿口。松紧带穿入腰围和下摆（参照 p.37）。

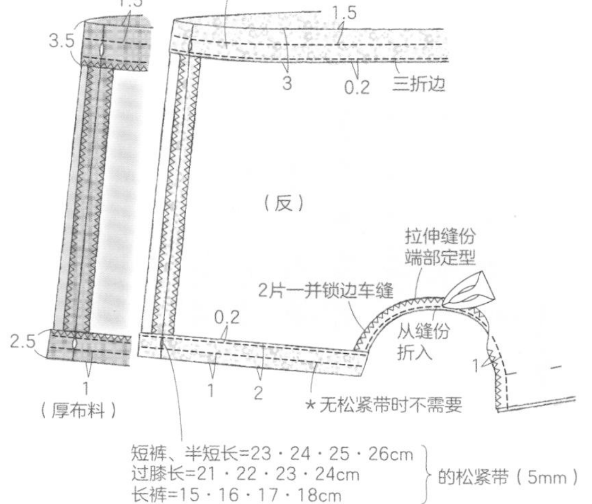

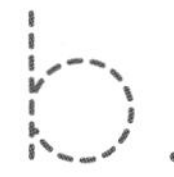

罩裙

仅将相同布料的护胸缝接于a.的短裙。短裙选择较多缩褶份量。绳带多准备些双色的天鹅绒丝带，使背影也很漂亮。

实物等大纸型 …… A面

材料 ＊从左依次是：80・90・100・110

布（棉布）：宽 110cm × 60cm（80）、70cm（90）、80cm（100）、90cm（110）
（宽 110cm 以上的布同样）
松紧带：宽 9mm × 42・43・44・45cm
天鹅绒丝带（粉色、紫色）：宽 13mm × 各 1m
（同色时为 2m）

制作方法

01.~04. 与 P.36 相同（不穿松紧带）。
05. 两片护胸夹住丝带缝合。
06. 护胸缝接于裙片的前中心。
07. 制作绳带穿口，缝接于两侧。
08. 松紧带穿入腰围，松紧带车缝于护胸的两端。

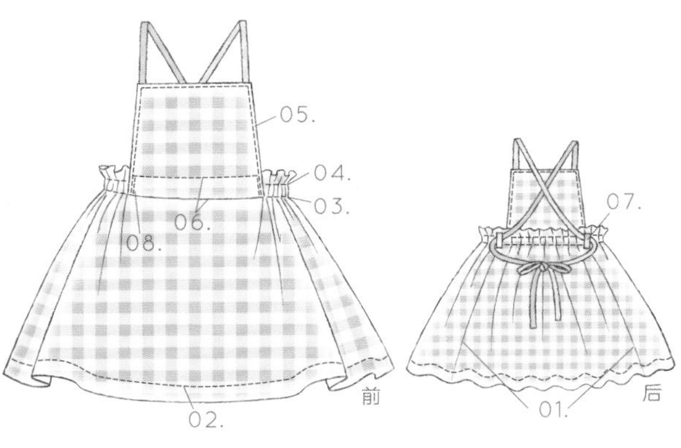

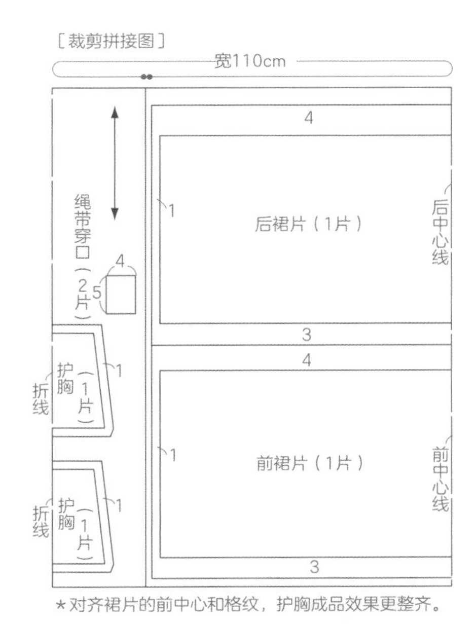

＊对齐裙片的前中心和格纹，护胸成品效果更整齐。

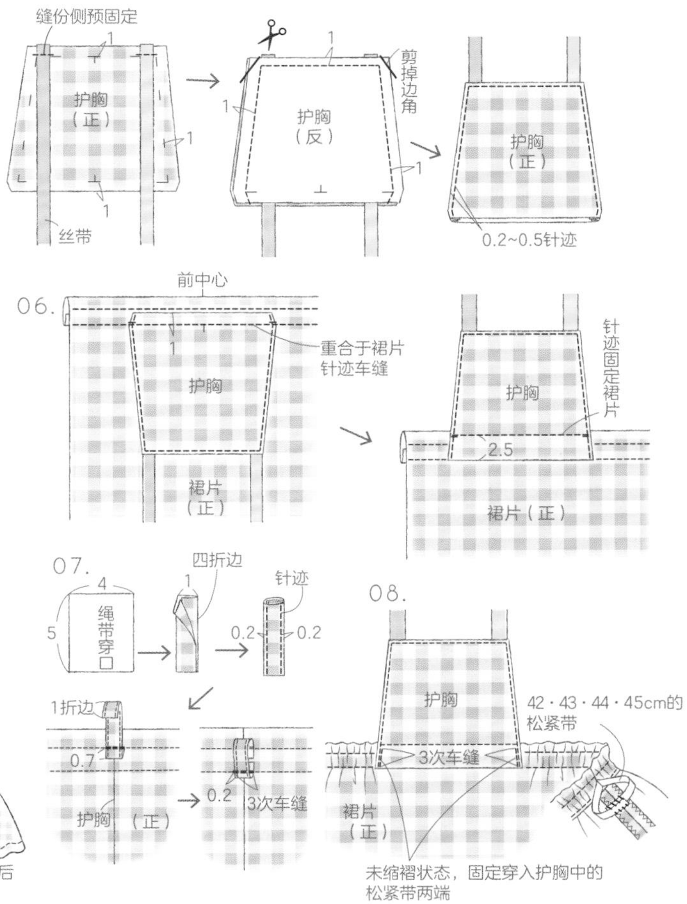

C.

背心

后开襟的背心用亚麻等夏季布料制作，开襟用按扣固定，再加上装饰纽扣。

实物等大纸型 …… A面

材料

布（亚麻）：宽 140cm × 40cm（80）、
50cm（90・100・110）
按扣：直径 8mm × 4 组
包扣：直径 12mm × 4 个

布（羊毛）：宽 152cm × 40cm（80）、
50cm（90・100・110）
粘合衬：20cm × 45cm
斜裁布带（对折）：宽 12.7mm（重新折成宽 10mm）
按扣：直径 8mm × 3 组
包扣：直径 15mm × 3 个

制作方法

准备　肩部、侧边锁边车缝。厚布料时，贴边里侧、下摆也要锁边车缝

01.　制作口袋，缝接于前衣片。（无口袋的可以省略）

02.　缝合肩部（缝份摊开）。

03.　将调整好的斜裁布带缝接于袖窿。

04.　三折边后中心的贴边（厚布料单折边），将调整好的斜裁布带缝接于领窝。

05.　摊开斜裁布带，从衣片缝合至侧边（缝份摊开）。

06.　调整领窝、袖窿的斜裁布带和贴边，明线车缝（装饰）。

07.　后开襟明线车缝。

08.　三折边下摆（厚布料单折边）缝合。

09.　固定按扣，包扣或绒球缝接于按扣上方。（→ p.47）

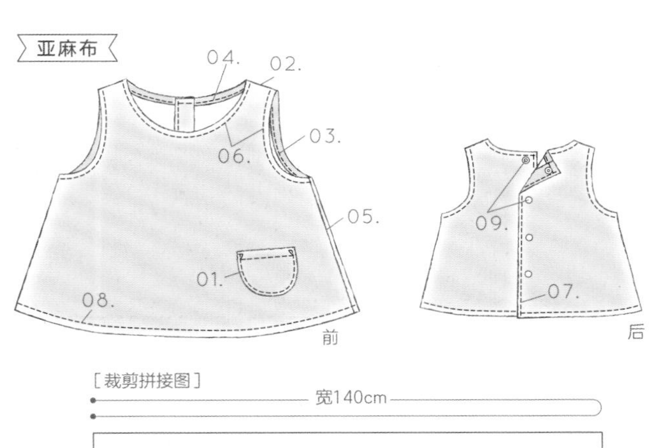

［裁剪拼接图］

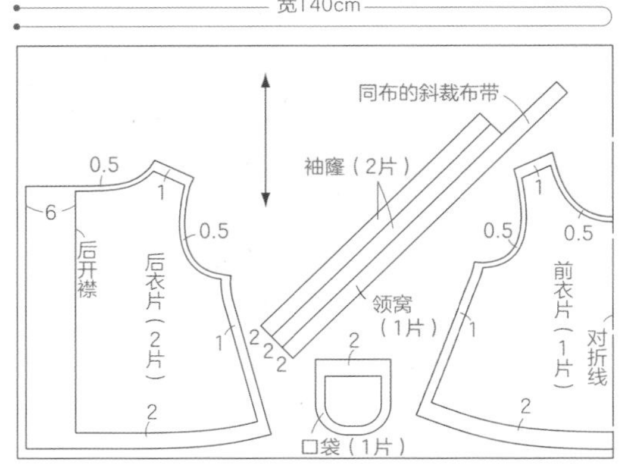

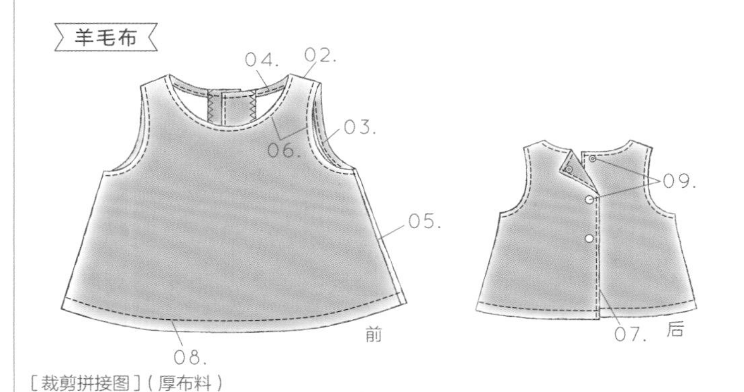

［裁剪拼接图］（厚布料）

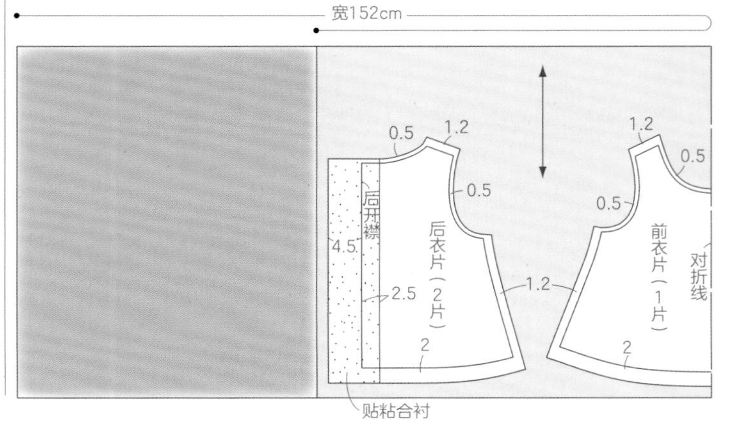

01. 制作口袋并缝接于衣片。

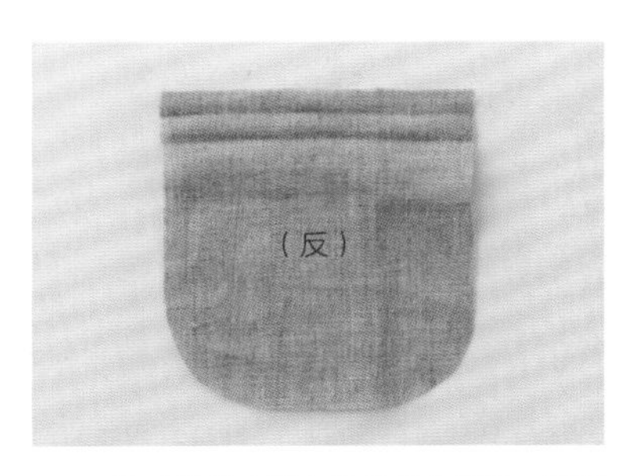

1 按成品状态折入口袋口的折份，熨烫加入折痕。

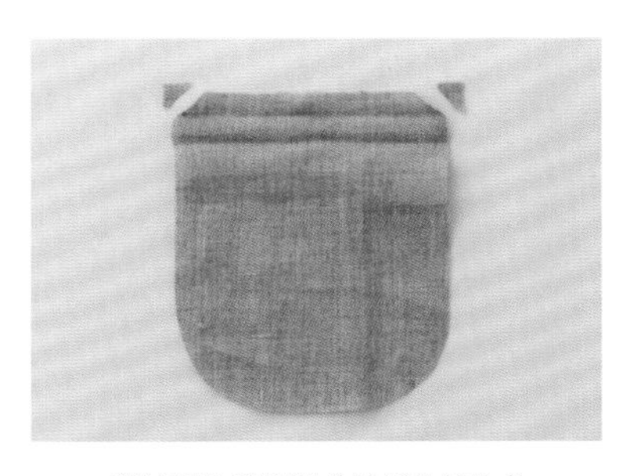

2 剪掉折入里面部分的折份的边角。

3 再次三折边，车缝口袋口。

4 曲线部分仔细手缝。将厚纸制作的纸型置于背面，沿着纸型熨烫折入。曲线部分收紧缝线，调整形状。

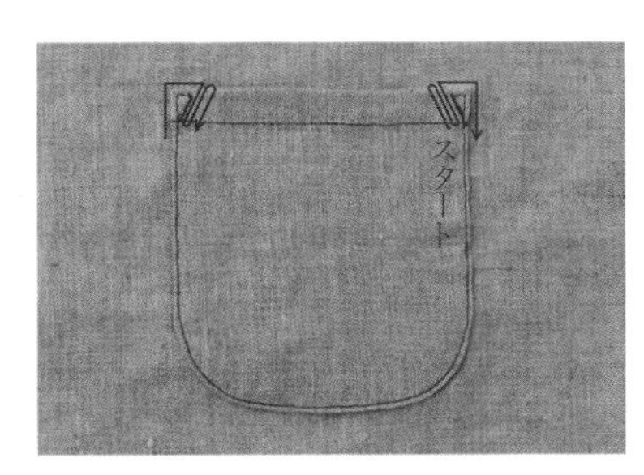

5 口袋缭缝于口袋缝接位置，并用珠针固定，如箭头所示车缝。

斜裁布带的制作方法

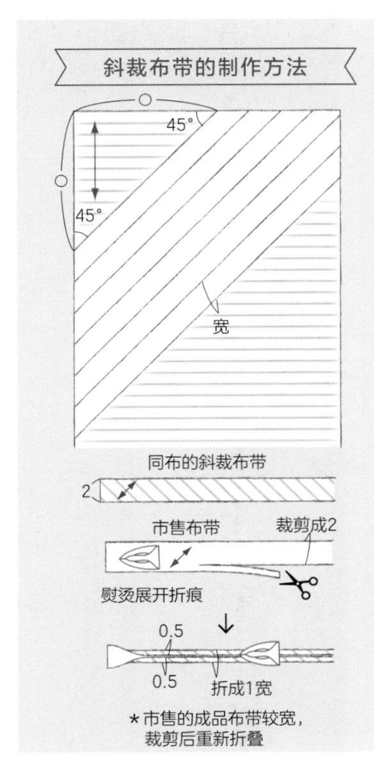

斜裁布带以 45 度的角度在布料中标记。1 片长度不够时可拼接使用。测量需要拼接部分长度，比所需尺寸多准备些，缝合结束后剪掉多余部分。

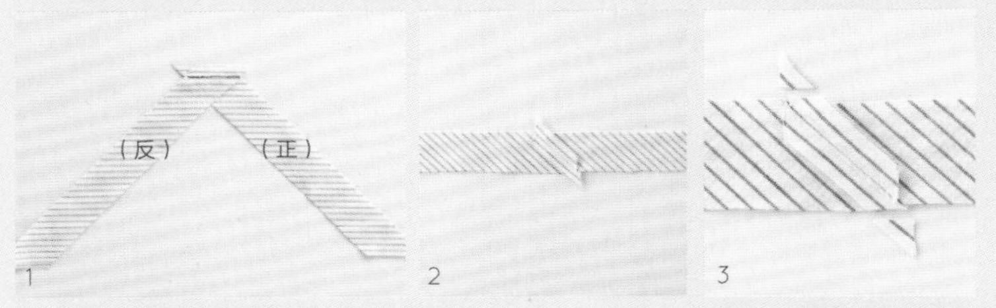

1 正面对合2片斜裁布带，如图所示重合，缝合2片相交位置。此时，布纹沿着相同方向对齐。 2 熨烫摊开缝份。 3 剪掉多余的缝份。

曲线的调整

童装加斜裁布带部分的曲线弧度大，如果事先调整，就能确保整齐。斜裁布带按成品折入，对齐纸型的曲线打珠针。最后，熨烫使曲线定型。

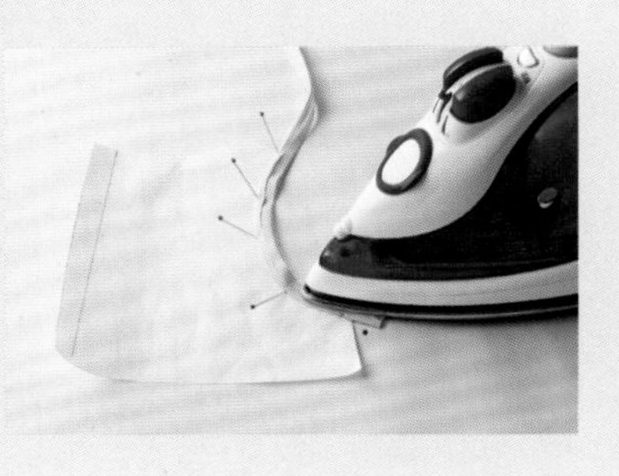

03.04. 将调整好的斜裁布带缝接于袖窿和领窝。

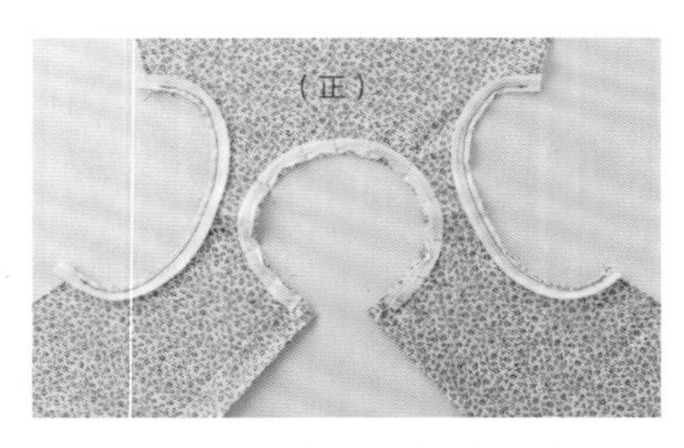

后开襟如右图所示折入，将调整好的斜裁布带对齐袖窿和领窝的曲线，用珠针固定并车缝。

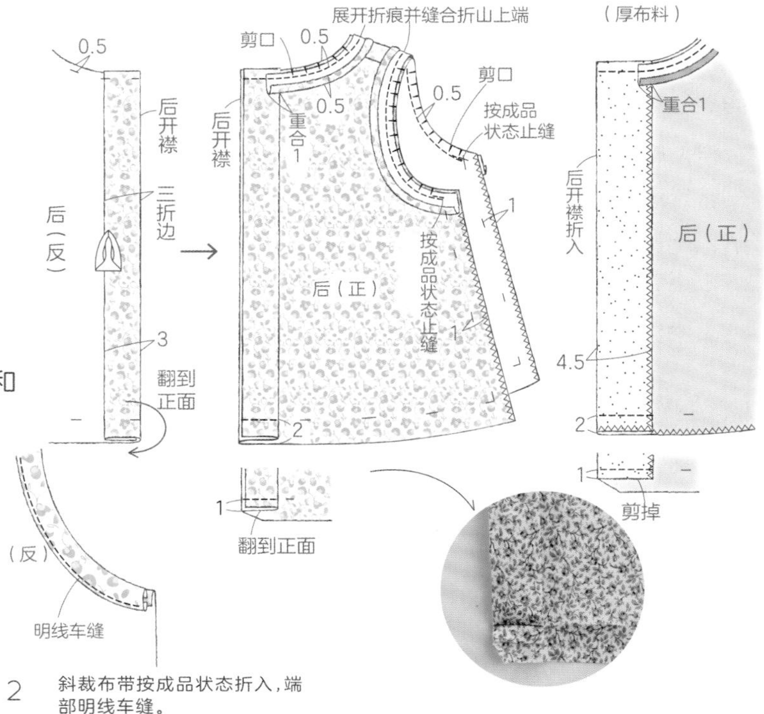

05.06. 缝合侧边，领窝和袖窿明线车缝。

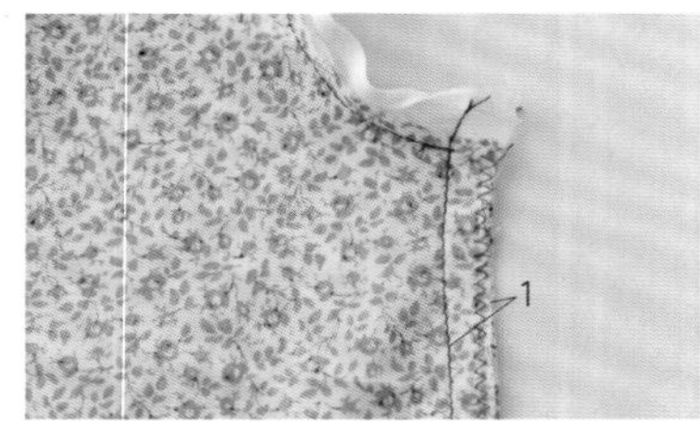

1 摊开斜裁布带，从衣片缝合至侧边。缝份熨烫摊开。

2 斜裁布带按成品状态折入，端部明线车缝。

07.08. 后开襟车缝，下摆三折边（厚布料单折边）缝合。

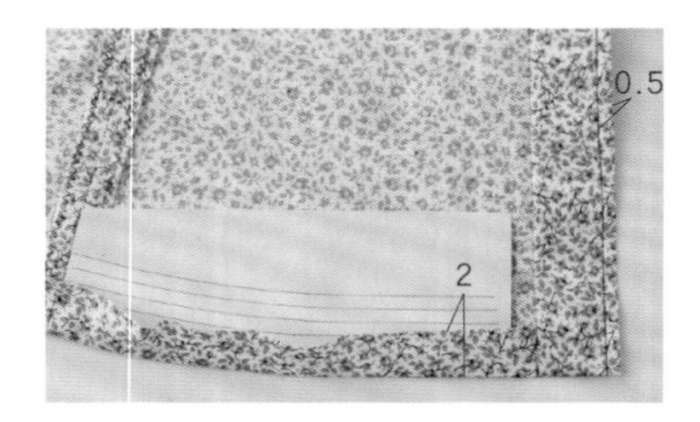

1 调整后开襟车缝，下摆三折边。用厚纸制作间隔1cm划线的标尺，对齐熨烫能够正确折入。

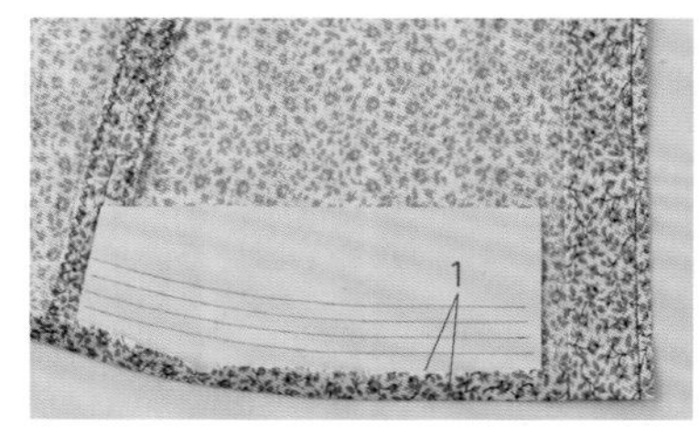

2 再次熨烫折入一半。由此，三折边完成。

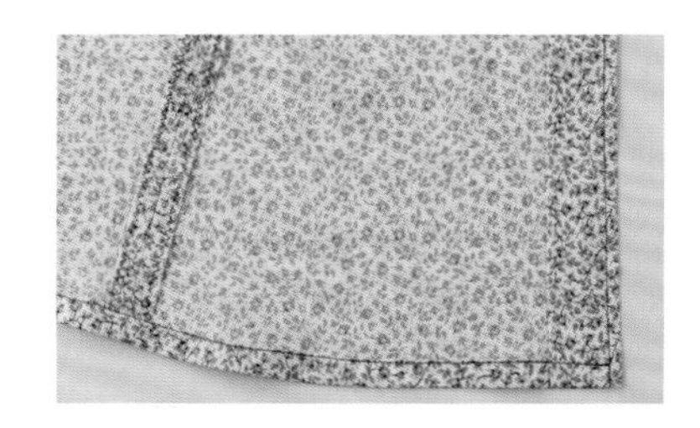

3 距离折入端部0.2cm位置明线车缝（从反面）。

袖窿、领窝、后开襟、下摆处理的完成状态。

09.

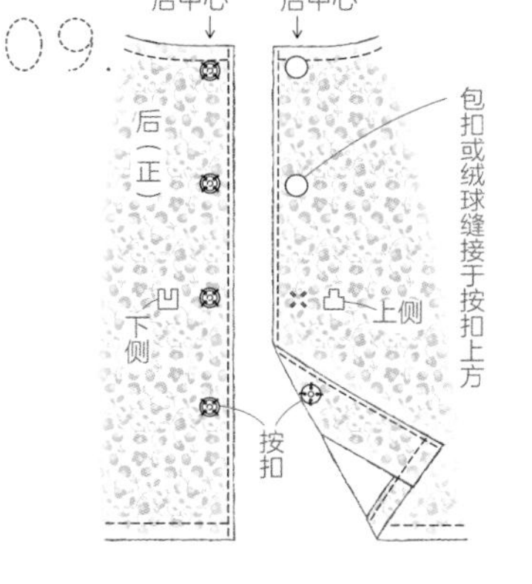

C.

背心

实物等大纸型 …… A面

碎花印染布

碎花印染布制作的宽松款背心，夏季单穿，男孩女孩都适合。

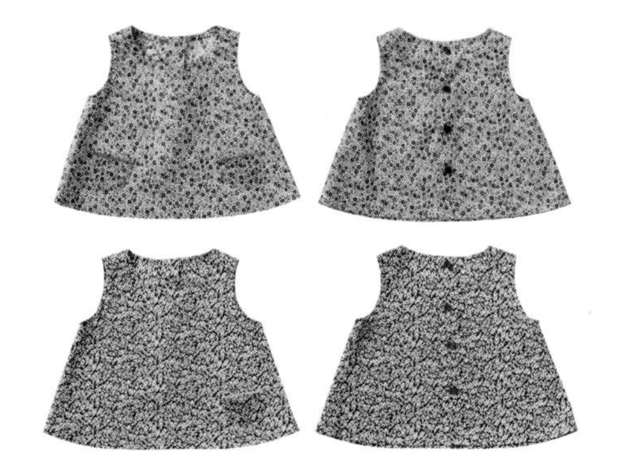

材料

布（碎花印染）：宽 110cm × 40cm（80）、50cm（90・100）、60cm（110）
按扣：直径 8mm × 4 组
包扣或纽扣：直径 12mm × 4 个
天鹅绒丝带：宽 7mm
1 个口袋时 15cm，2 个口袋时 25cm

制作方法 同 p.42（口袋数量任意）。

格纹布

使用怀旧的格纹布，制作80、90尺码。仅固定最上端，类似围裙的穿着方式。

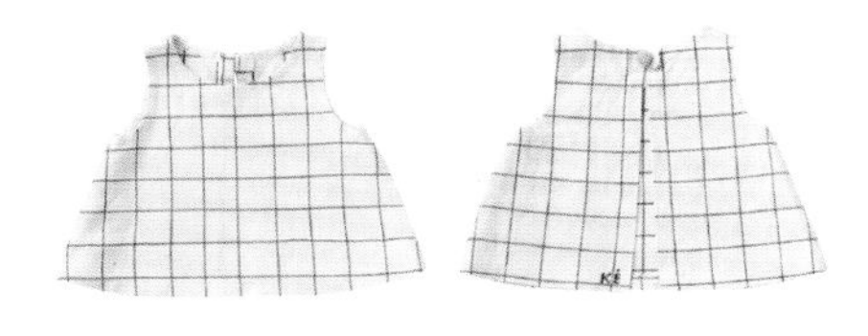

材料

布（格纹）：49cm × 80cm
（布宽窄，仅适用于 80 及 90 尺码）
斜裁布带（对折）：宽 12.7mm（重新折成宽 10cm）
按扣：直径 12mm × 1 组
绒球：直径 15mm × 1 个

制作方法 同 p.42（无口袋）。

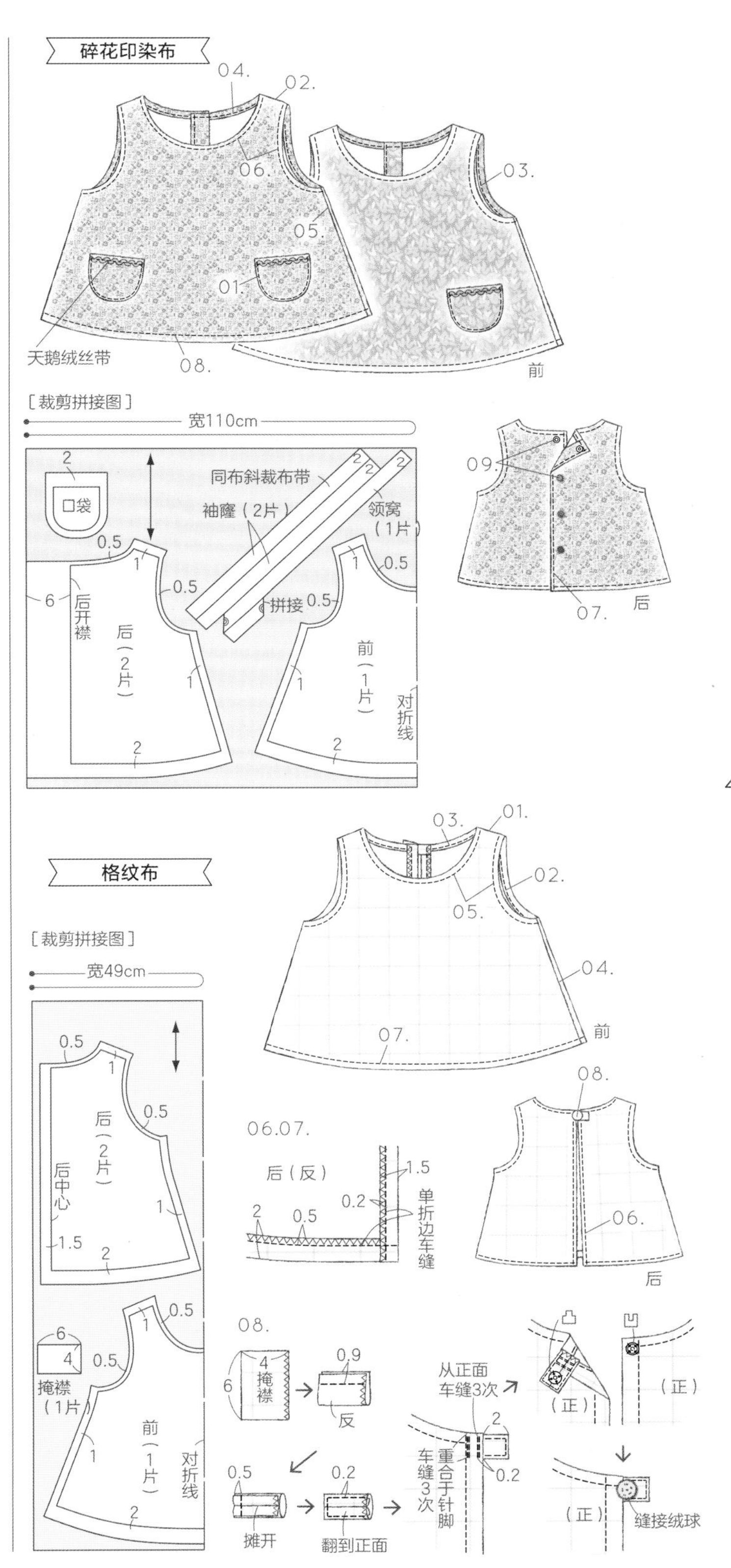

[e-1]荷叶边连衣裙

与c.的背心相同纸型，添加缝接荷叶边短裙的设计。后开襟采用大小不同的天鹅绒丝带代替纽扣，装饰后背。

实物等大纸型 …… A面

材料

布（碎花印染棉布）：宽 110cm × 80cm（80）、90cm（90）、1m（100）、1.1m（110）
丝带：成品宽 3cm × 4 个
按扣：直径 8cm × 4 组

制作方法

准备 衣片的肩部、侧边、裙片的侧边锁边车缝

01.~06. 同 p.42（无口袋）。

07. 缝合裙片的侧边（缝份摊开）。

08. 裙片下摆三折边车缝（带花边时省略此步骤）。

09. 裙片缩褶，与衣片缝合（2 片一并锁边车缝。缝份压向衣片侧）。从正面明线车缝，固定缝份。（参照 p.50）。

10. 缝接按扣，按扣上方缝接装饰纽扣。

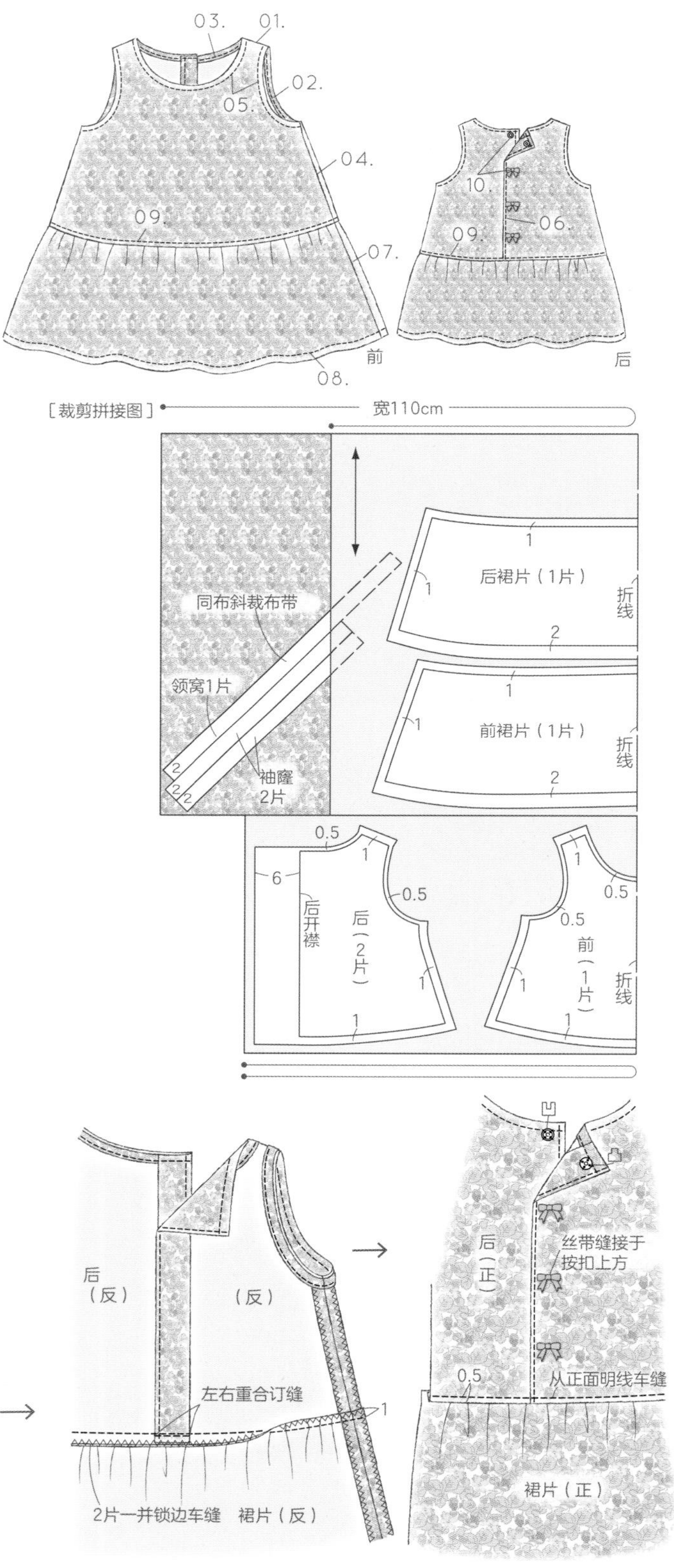

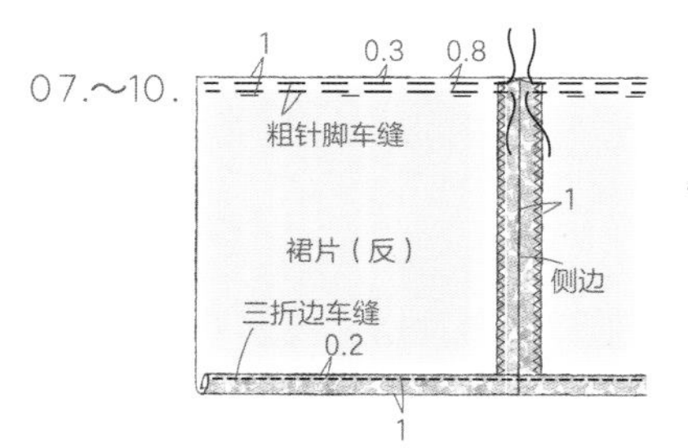

[e-2] 桌布制作的荷叶边连衣裙

使用桌布制作的连衣裙。下摆的荷叶边使用桌布四周的花边。

实物等大纸型 …… A面

材 料

布（桌布）：102cm × 102cm（含花边部分）
按扣：直径 8mm × 4 组
包扣：直径 12mm × 4 个
＊无法取同布斜裁布带时
斜裁布带（对折）：宽 12.7mm（重新折成宽 10mm）

制作方法 同 p.46。

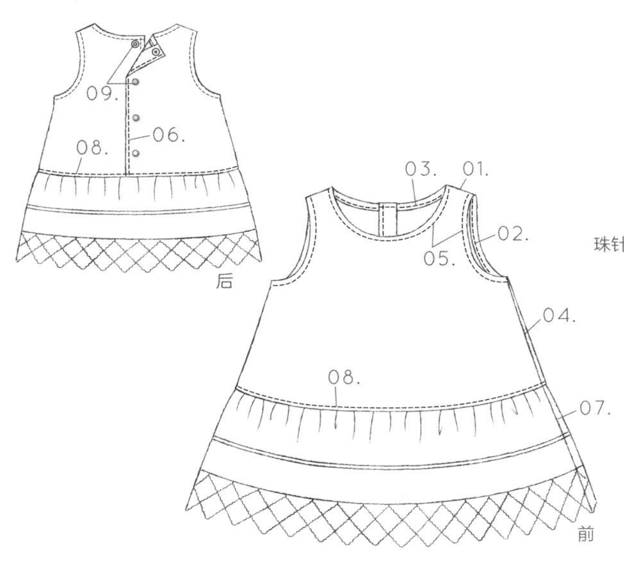

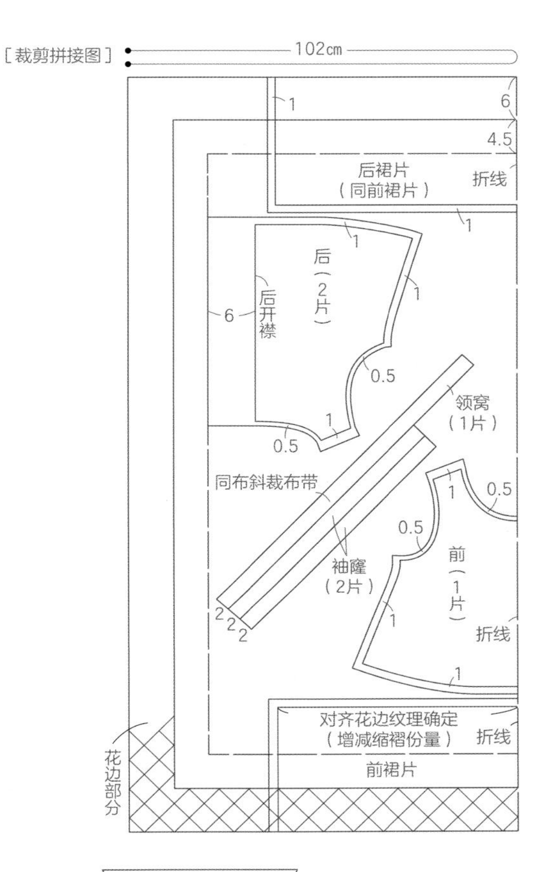

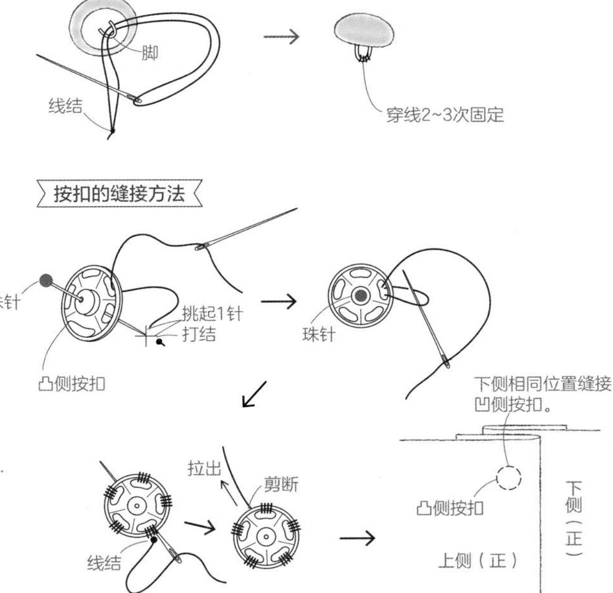

C.

长背心

增加背心长度，设计成套裙款式。最上端制作蝴蝶结，后开襟设计。口袋用喜欢的布料及大小手工缝制。

实物等大纸型 …… A面

材料

布（棉）：宽 112cm × 60cm（80・90）、70cm（100・110）
口袋（大）…15cm × 20cm
口袋（小・系绳）…50cm × 15cm
斜裁布带（对折）：宽 12.7mm（重新折成宽 10mm）

制作方法

准备　肩部、侧边、下摆 M。薄布时不需要锁边车缝。

01.~08. 同 p.42（口袋参照下图）。

09.　制作系绳或掩襟，缝接于后中心。掩襟需要缝接按扣和装饰绒球。

04. 02. 03. 06. 01. 05. 08. 前
09. 07. 后

［裁剪拼接图］宽112cm

2 后中心 3 后（2片）1 0.5 1 0.5
1 0.5 0.5 1 前（1片）折线 2

04.
重合1
1.5
后中心
后（正）
1
剪掉
2

06.07.08
0.2
0.2
三折边车缝
1.5
后（反）
2
0.5
单折边车缝

01.

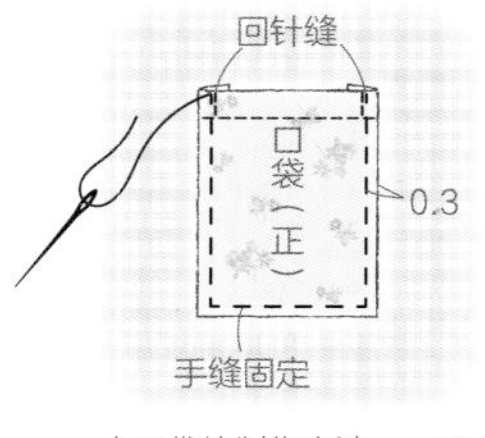

（口袋的制作方法→p.53）

09.
3 系绳 32
折入 0.7 0.7 0.7 0.8 0.2 *制作2条
0.7 系绳 后（反）3次车缝
系绳（正）
系绳 0.2 从正面车缝3次 后（正）

f.

腰围拼接连衣裙

没有复杂的袖缝接，简单套穿的连衣裙。用亚麻、棉等喜欢的布料制作。袖长也可选长袖和短袖。

亚麻布

棉布

碎花印染布

实物等大纸型 …… B面

材料

布（亚麻）：宽 156cm×80cm（80·90）、90cm（100）、1m（110）
粘合衬：30cm×25cm
丝带：宽 3cm×80cm

布（棉）：宽 152cm×80cm（80·90）、90cm（100）、1m（110）
粘合衬：30cm×25cm
天鹅绒丝带：宽 15mm×8cm
按扣：直径 8mm×1 组
刺绣线（按扣用）：适量

布（碎花棉布）：宽 110cm×1.1m（80）、1.2m（90）、1.3m（100）、1.4m（110）
粘合衬：30cm×25cm
天鹅绒丝带：宽 7mm×1.1m（80·90）、1.2m（100·110）

亚麻布、棉布 （厚布料）

碎花印染

制作方法

准备　粘合衬贴于贴边。贴边的里侧 M。厚布料时，袖口、下摆也要 M。

01.　正面对合衣片和贴边，缝合领窝、开衩。

02.　袖口三折边（厚布料单折边）缝合。

03.　裙片缩褶，与衣片缝合（2 片一并 M。缝份压向衣片侧）。从正面明线车缝，固定缝份。

04.　连续缝合袖下、侧边（2 片一并 M。缝份压向后侧）。厚布料时逐片 M 之后，缝合袖下、侧边（缝份摊开）。

05.　下摆三折边（厚布料单折边）缝合。

06.　按扣缝接于衣片和掩襟（→ p.47）。丝带时，处理端部。

＊M为锁边车缝的简称。

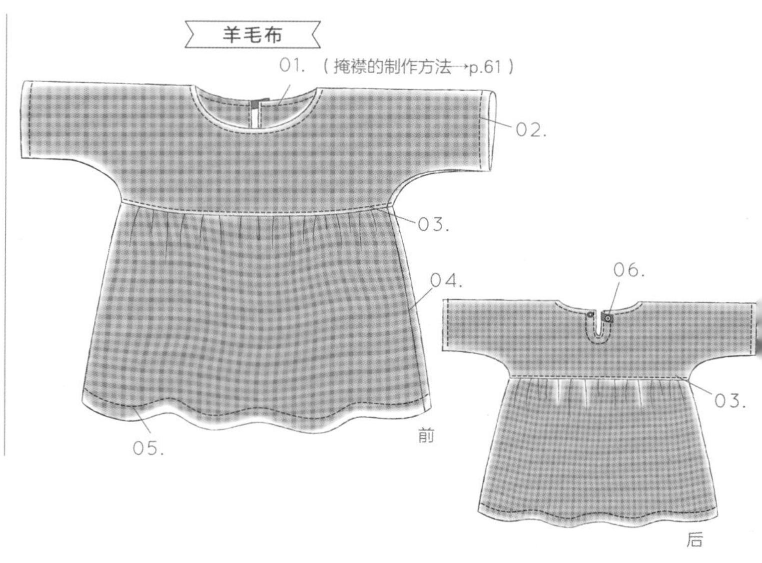

01. 正面对合衣片和贴边，缝合领窝、开衩。

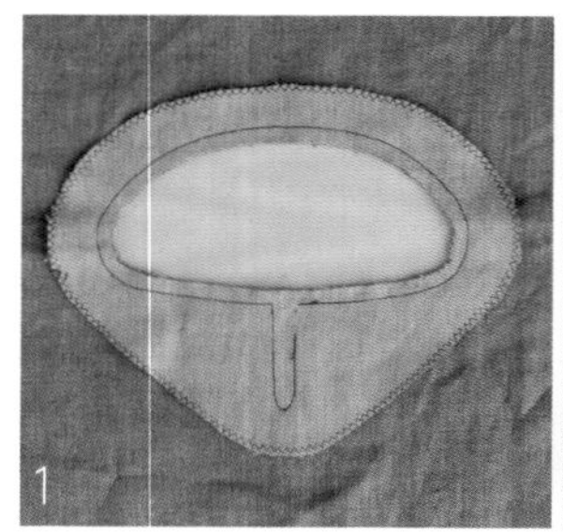

1 正面对合衣片，连续缝合领窝和开衩。此时，留缝夹住掩襟及丝带的位置。夹入两侧时，留缝开衩的两侧。

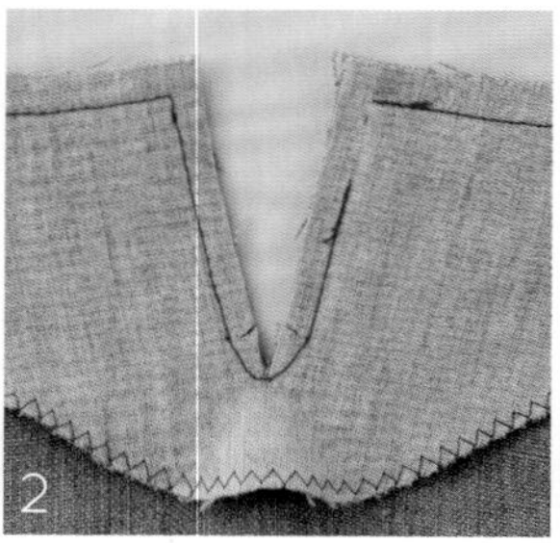

2 开衩加入剪口：注意不要剪到针脚，如图所示沿着针脚边缘加入 3 处剪口。

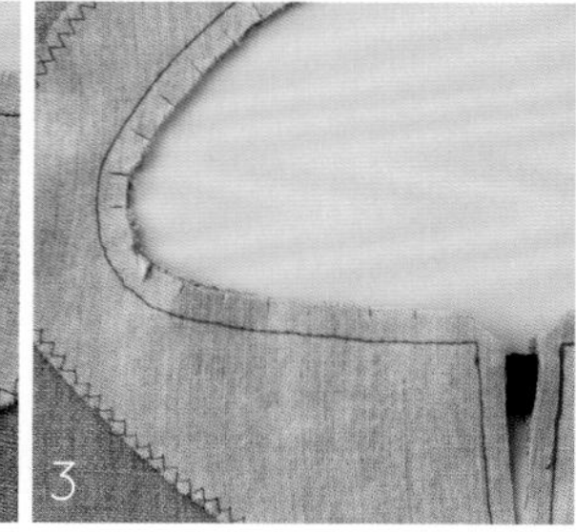

3 夹住掩襟及丝带，留缝位置车缝。领窝的曲线弧度大，沿着针脚边缘加入剪口。

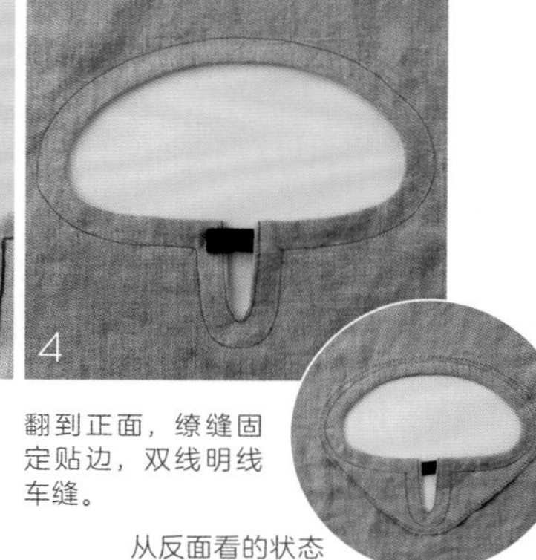

4 翻到正面，缭缝固定贴边，双线明线车缝。

从反面看的状态

03. 裙片缩褶，与衣片缝合。

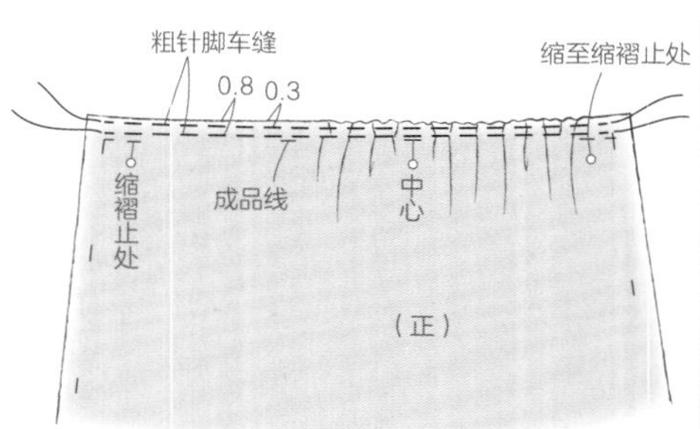

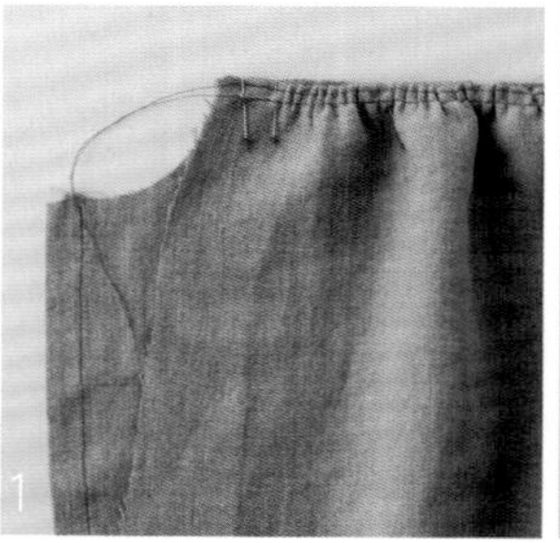

1 如左图所示，裙片的缝份双线粗针脚车缝（缩褶所需），裙片正面向内放置于衣片的正面，中心、缩褶止处打珠针，双线一并抽拉，均匀缩褶。

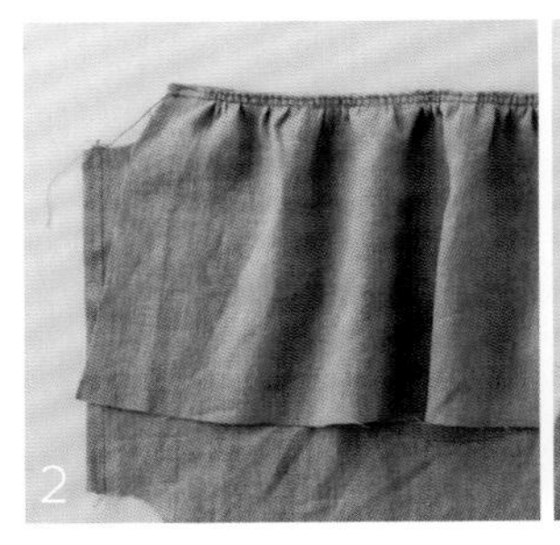

成品位置车缝，缝份 2 片一并锁边车缝。

缝份压向衣片侧，熨烫整形。

从正面距离针脚 0.5cm 位置明线车缝。同样缝接后裙片。

04.05. 连续缝合袖下、侧边。下摆三折边（厚布料单折边）缝合。

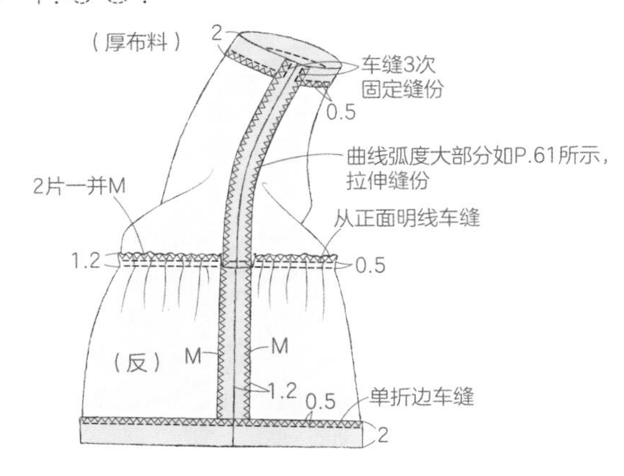

亚麻布

亚麻布折入缝接侧预固定，端部三折边缭缝。其他同p.50。

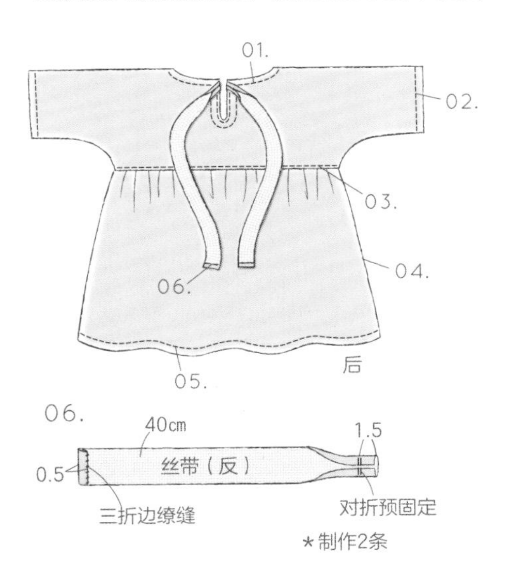

碎花印染布

领窝的天鹅绒丝带最后缝接，两端留约30cm后打结。袖长为短袖。其他同p.50。

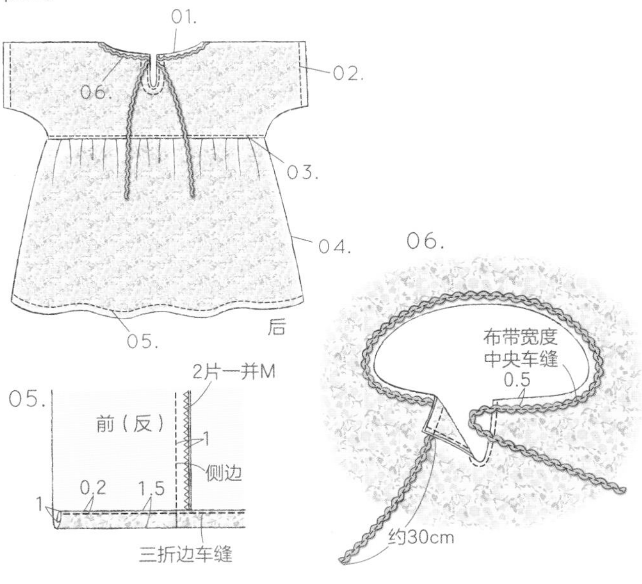

[g-1] 绒球边饰的直筒连衣裙

f.的拼接连衣裙的衣片延长设计而成。下摆缝接大绒球边饰。

实物等大纸型 …… B面

材 料

布（碎花印染布）：宽 110cm×1m（80）、1.1m（90）、1.2m（100）、1.5m（110）
粘合衬：8cm×12cm
镶边斜裁布带：宽 8mm
绒球边饰：绒球直径 25mm×1m（80）、1.1m（90）、1.2m（100·110）

制 作 方 法

准备　粘合衬贴合于贴边。

01.　制作口袋，缝接于前衣片（参照 p.43）。
02.　正面对合衣片和贴边，缝合开衩。正面对合贴边，明线车缝。
03.　用斜裁布带包住领窝，接着制作系绳。
04.　袖口三折边缝合（参照 p.61）。
05.　连续缝合袖下、侧边（2 片一并 M。缝份压向后侧）（参照 p.61）。
06.　下摆缝接绒球边饰。

＊M为锁边车缝的简称。

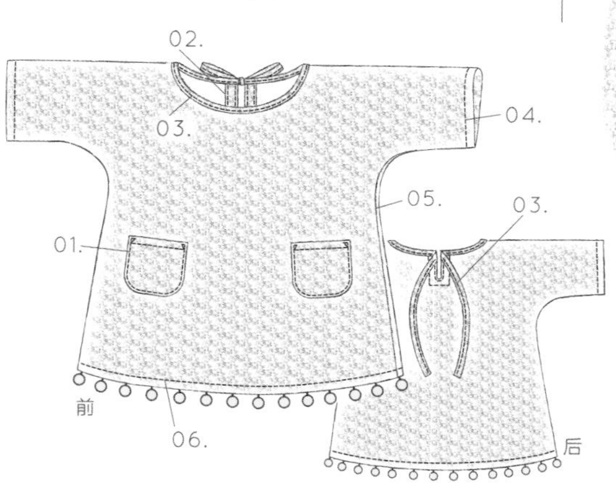

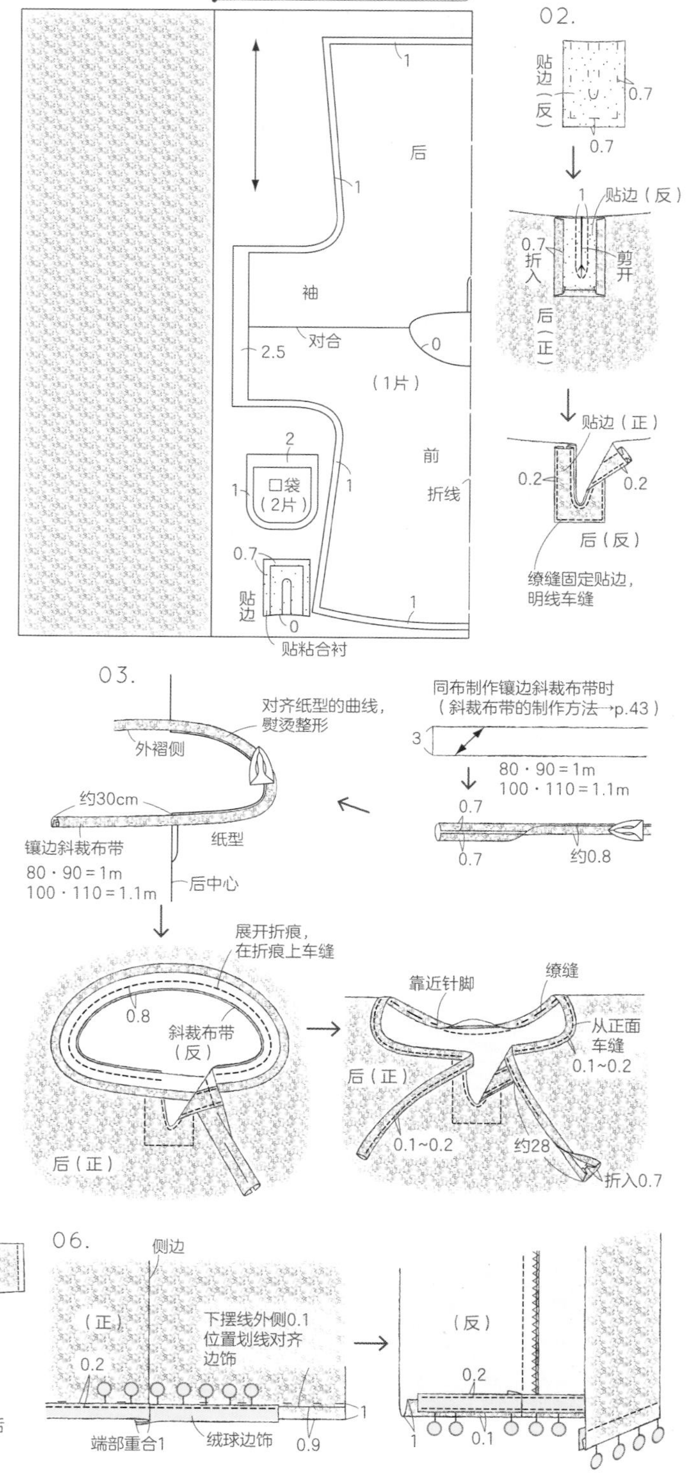

[g-2] 复古直筒连衣裙

使用怀旧布料制作的连衣裙。袖长至肘部的短款，口袋使用其他布。

实物等大纸型 …… B面

材 料

布（花纹棉布）：宽 90cm × 1m（80）、1.1m（90）、1.2m（100）、1.5m（110）
口袋布（其他布）：15cm × 15cm
粘合衬：30cm × 25cm
天鹅绒丝带：宽 7mm × 70cm

制 作 方 法

准备　粘合衬贴于贴边。贴边里侧 M。

01.　制作口袋，缝接于前衣片（参照 p.43）。
02.　正面对合衣片和贴边，缝合领窝、开衩。此时，留缝夹住丝带位置（参照 p.50）。
03.　袖口三折边缝合（参照 p.61）。
04.　连续缝合袖下、侧边（2 片一并 M。缝份压向后侧）（参照 p.61）。
05.　下摆三折边缝合。
06.　处理丝带端部。

＊M为锁边车缝的简称。

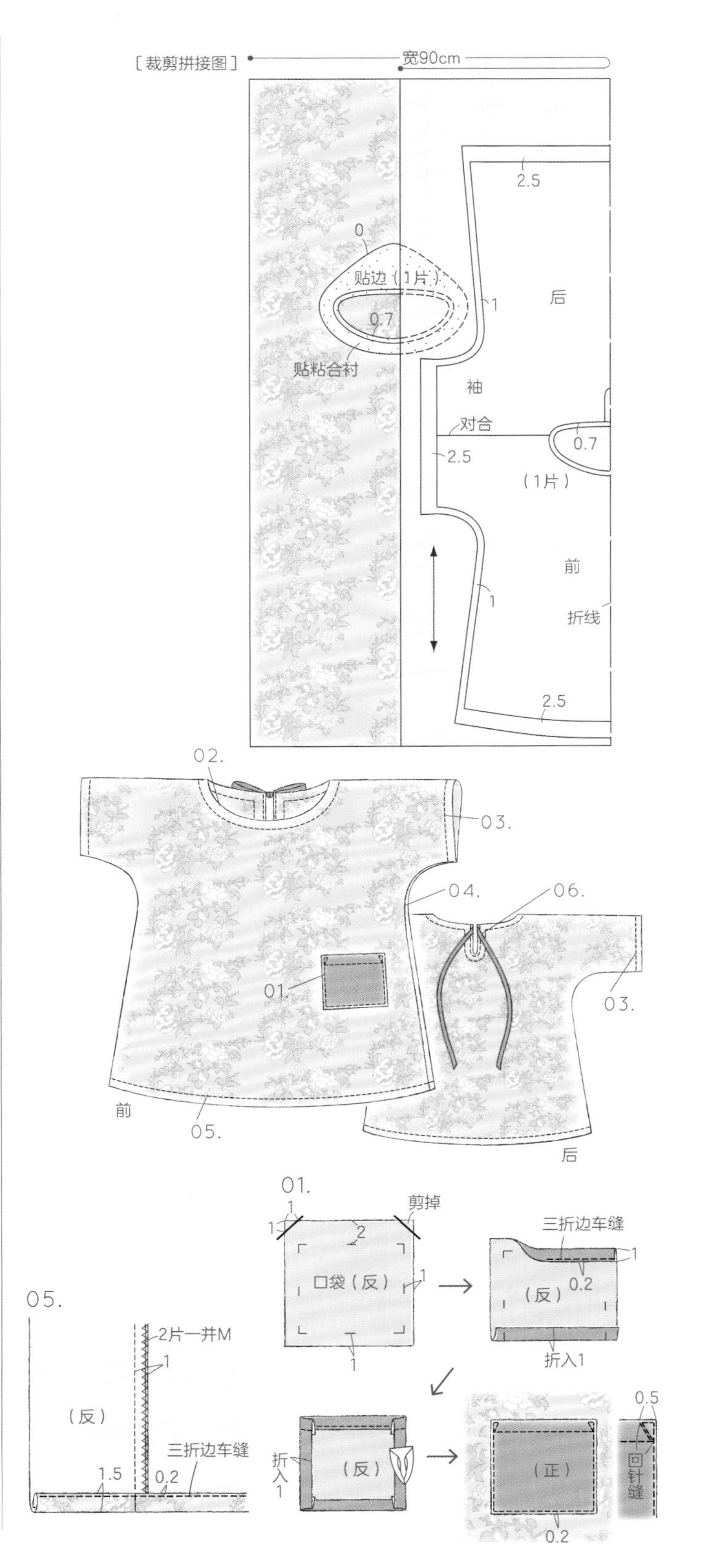

h.+d.

[h-1] 吊带衫+猴裤

肩带打结式的吊带衫和d.的猴裤用相同布料制作，套装组合。

实物等大纸型 …… A面

材料

布（棉布）…宽 110cm×80cm（80・90・100）、90cm（110）

制作方法

01. 前后上部三折边缝合。
02. 前后袖窿三折边缝合。
03. 缝合侧边（2片一并M。缝份压向后侧）。
04. 下摆三折边缝合。
05. 缝接肩带。

*猴裤的制作方法参照p.38

*M为锁边车缝的简称。

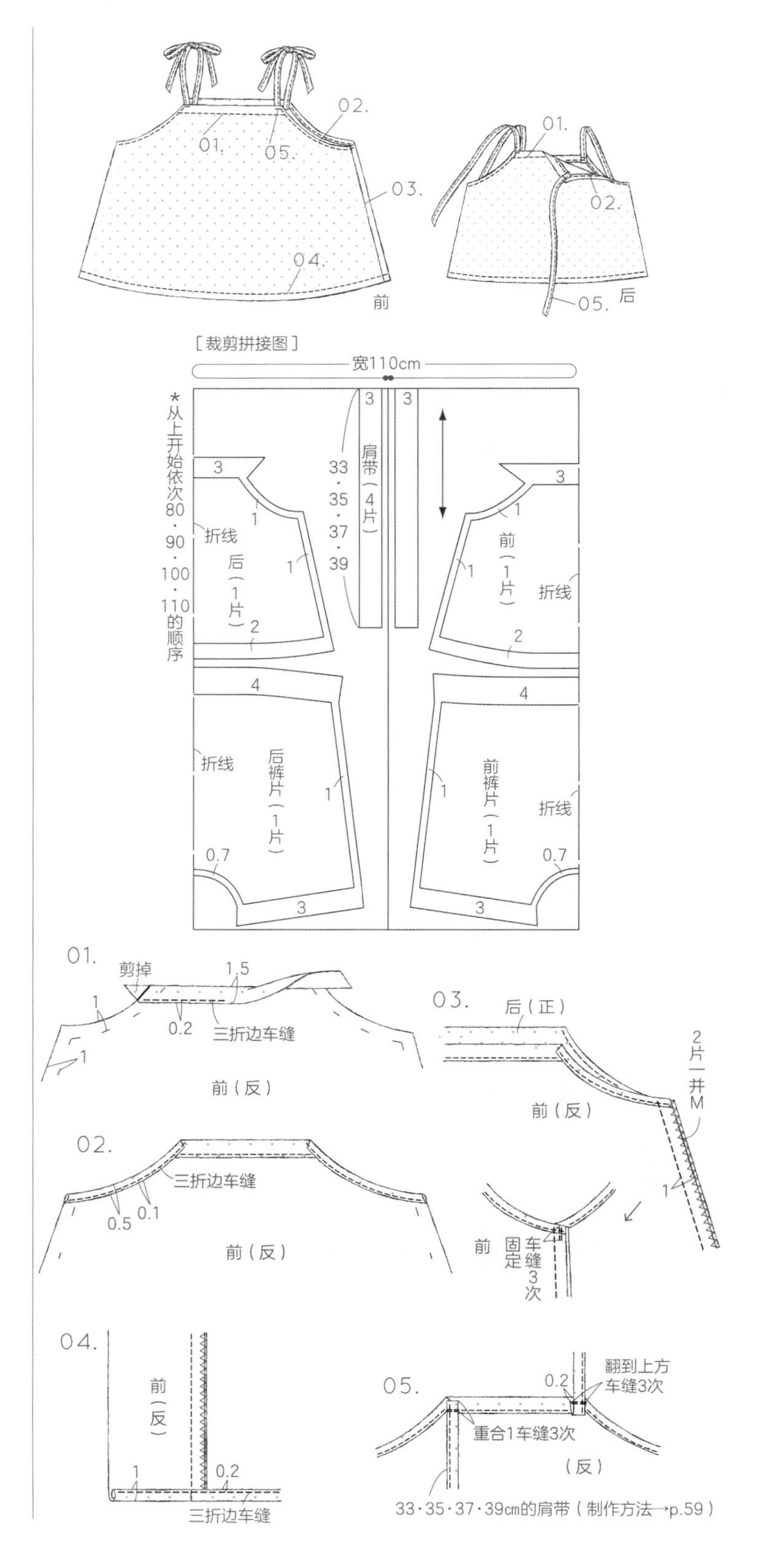

h.

[h-1] 丝带吊带衫

亲肤舒适的白色亚麻布吊带衫。肩带并非同布，而是用成品的丝带。

实物等大纸型 …… A面

材 料

布（亚麻布）：宽 116cm×80cm（80・90・100）、90cm（110）
丝带（肩带）：宽 10mm×1.4m（80）、1.5m（90）、1.6m（100・110）
丝带（上部）：宽 12mm×40cm

制作方法 同p.54（上部缝接丝带）。

[h-2] 吊带连衣裙

h的吊带衫加长设计的连衣裙。印染布搭配天鹅绒丝带作为肩带。

实物等大纸型 …… A面

材 料

布（碎花印染棉布）：宽 110cm×50cm（80）、60cm（90）、70cm（100）、90cm（110）
天鹅绒丝带（肩带）：宽 10mm×1.4m（80）、1.5m（90）、1.6m（100・110）

制作方法 同p.54。

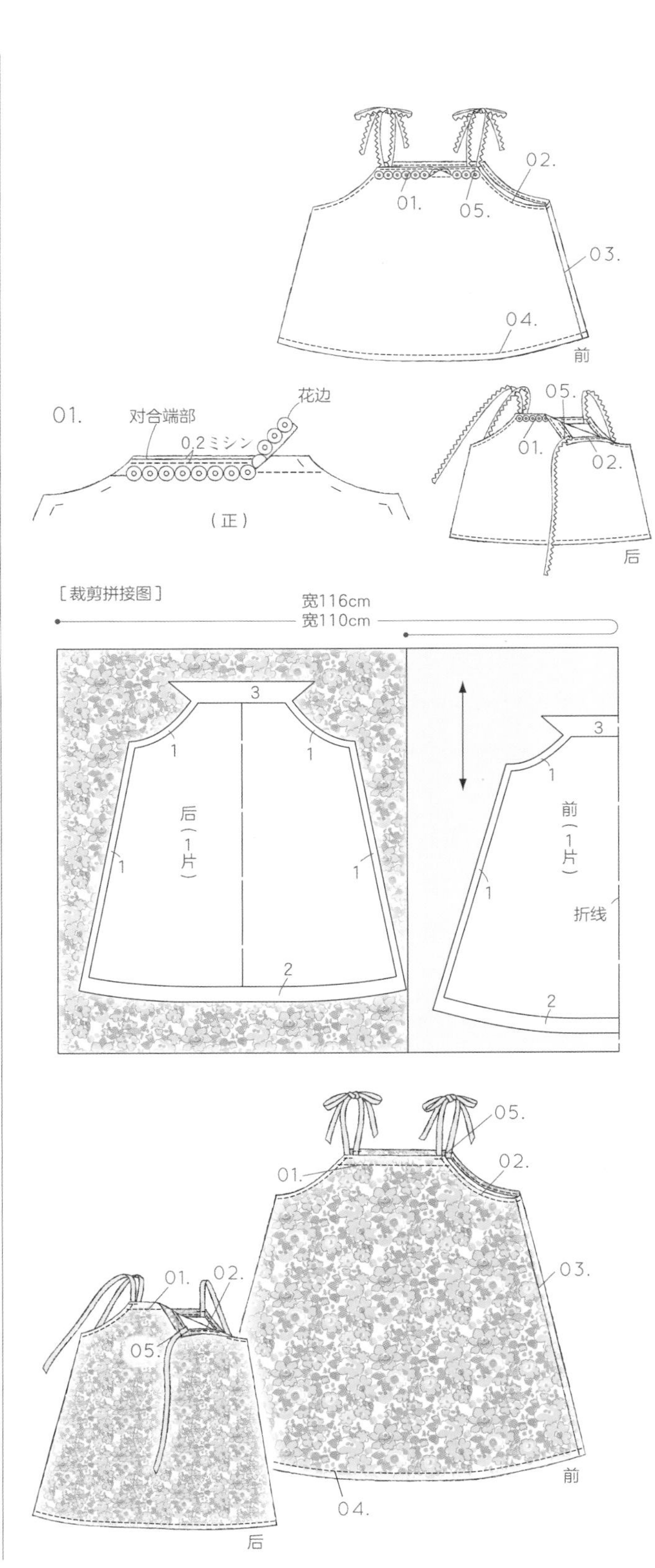

h.

[h-2] 吊带连衣裙

舒适贴身的亚麻纱裙。颜色不同的亚麻制作两件，叠穿也很可爱。单件穿着时通透，可搭配T恤或短裤，作为罩衣穿着。

米色

白色

实物等大纸型 …… A面

材料

布（亚麻纱布）：宽 100cm × 60cm（80・90・100）、70cm（110）
丝带（米色的肩带）：宽 5mm × 1.4m（80）、1.5m（90）、1.6m（100・110）
丝带（白色的肩带）：宽 8mm × 1.4m（80）、1.5m（90）、1.6m（100・110）
丝带（白色的上部）：宽 15mm × 40cm

制作方法 同 p.54。丝带的缝接方法参照 p.55。

[裁剪拼接图]

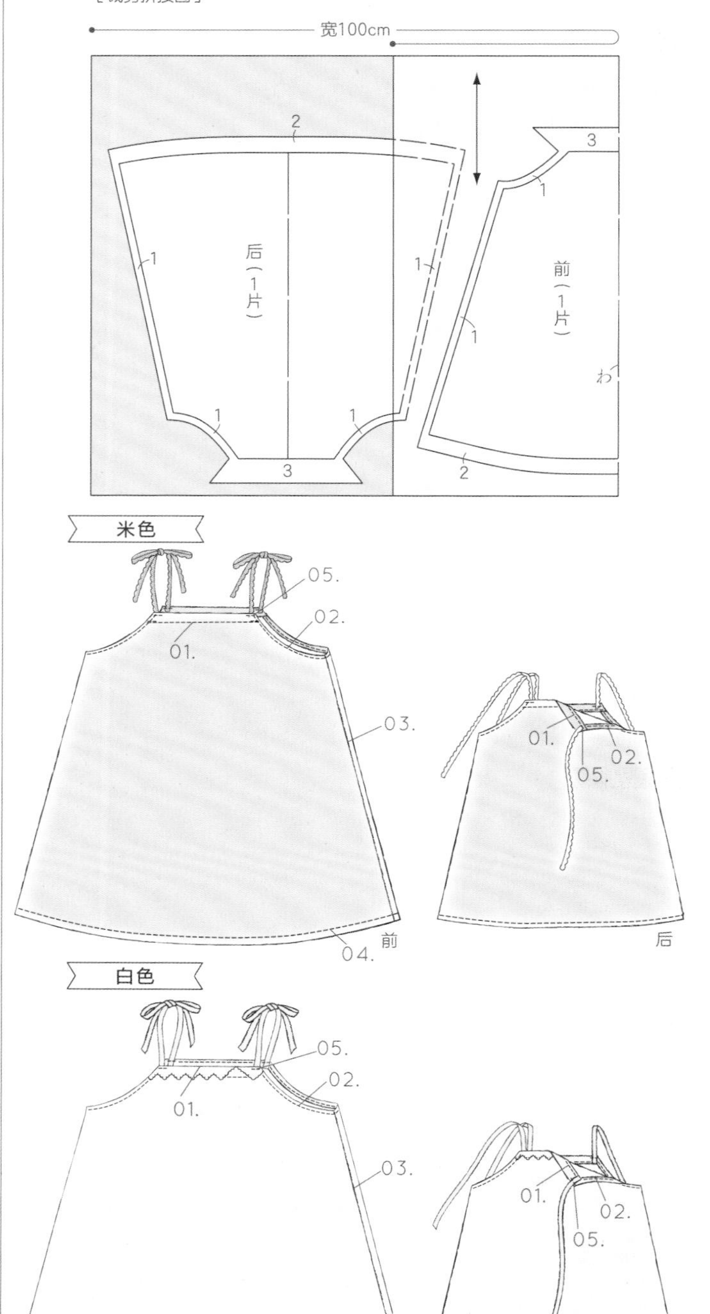

I.

细褶罩衫、连衣裙

胸部制作细褶的款式。长度分2种，短款搭配可以搭配短裤穿着。

实物等大纸型 …… B面

材 料

< 长款 >
布（碎花印染棉布）：宽 110cm × 50cm（80）、1.1m（90）、1.2m（100）、1.3m（110）
天鹅绒丝带（肩带）（绿色、灰色）：宽 7mm × 70cm（80）、75cm（90）、80cm（100・110）
（同色时加量为 2 倍）
松紧车缝线

< 短款 >
布（亚麻布）：宽 154cm × 80cm（80）、90cm（90）、1m（100）、1.1m（110）
松紧车缝线

制 作 方 法 （参照 p.58、59）

准备 侧边、上部 M。
01. 缝合一端的侧边（缝份摊开）。
02. 上部按成品状态折入，缭缝固定。细褶位置标记于正面，制作松紧细褶。（收缩至约 1/3）
03. 缝合剩余的侧边（缝份摊开）。
04. 下摆三折边缝合。
05. 制作肩带，缝接。
★ M为锁边车缝的简称。

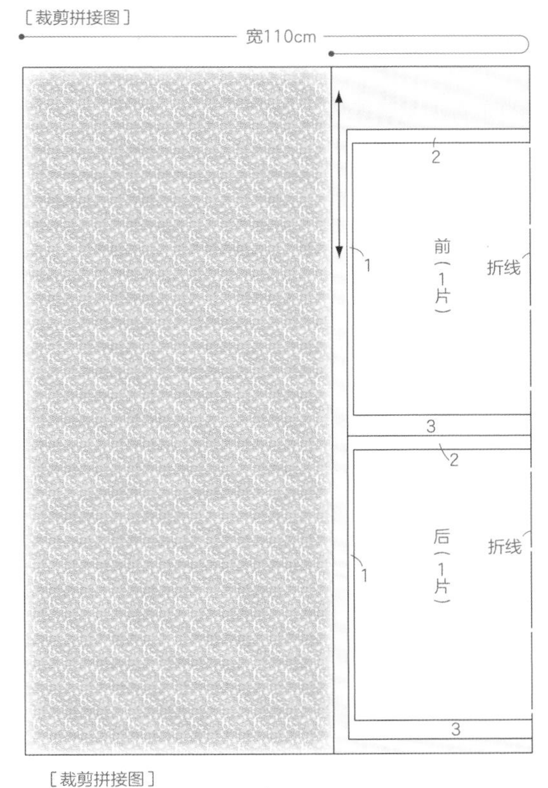

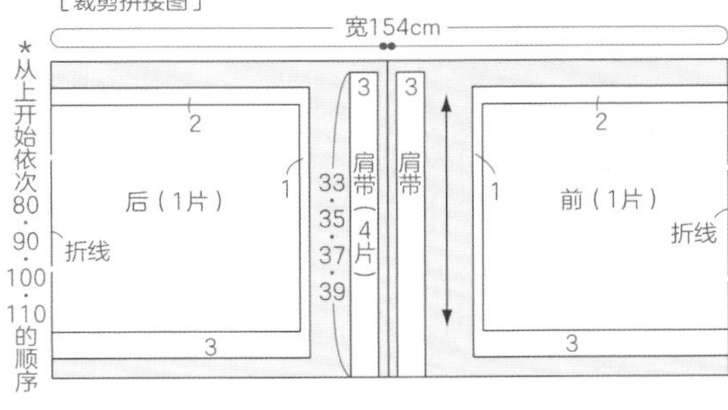

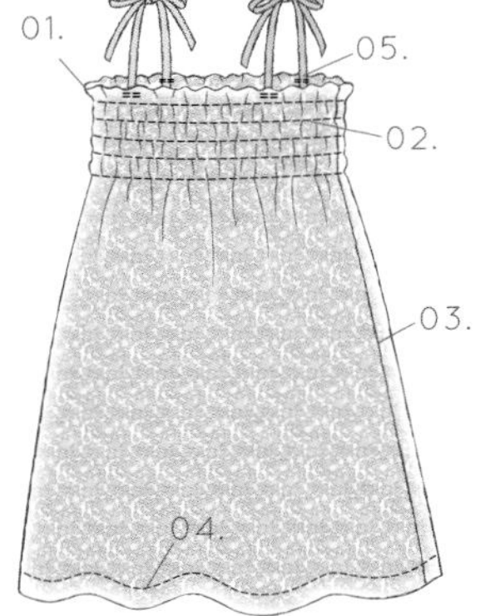

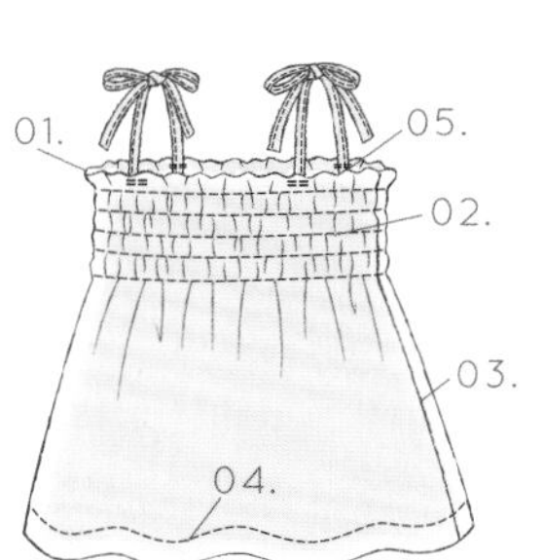

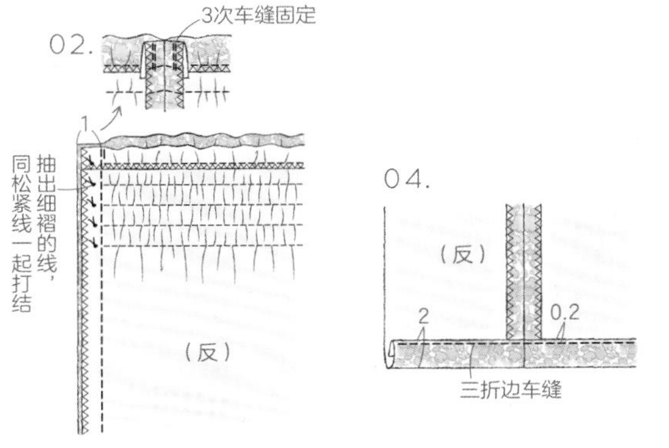

l.+d.

细褶抹胸

衣片整体制作细褶的抹胸可当作泳衣。还有配套短裤使用猴裤设计。

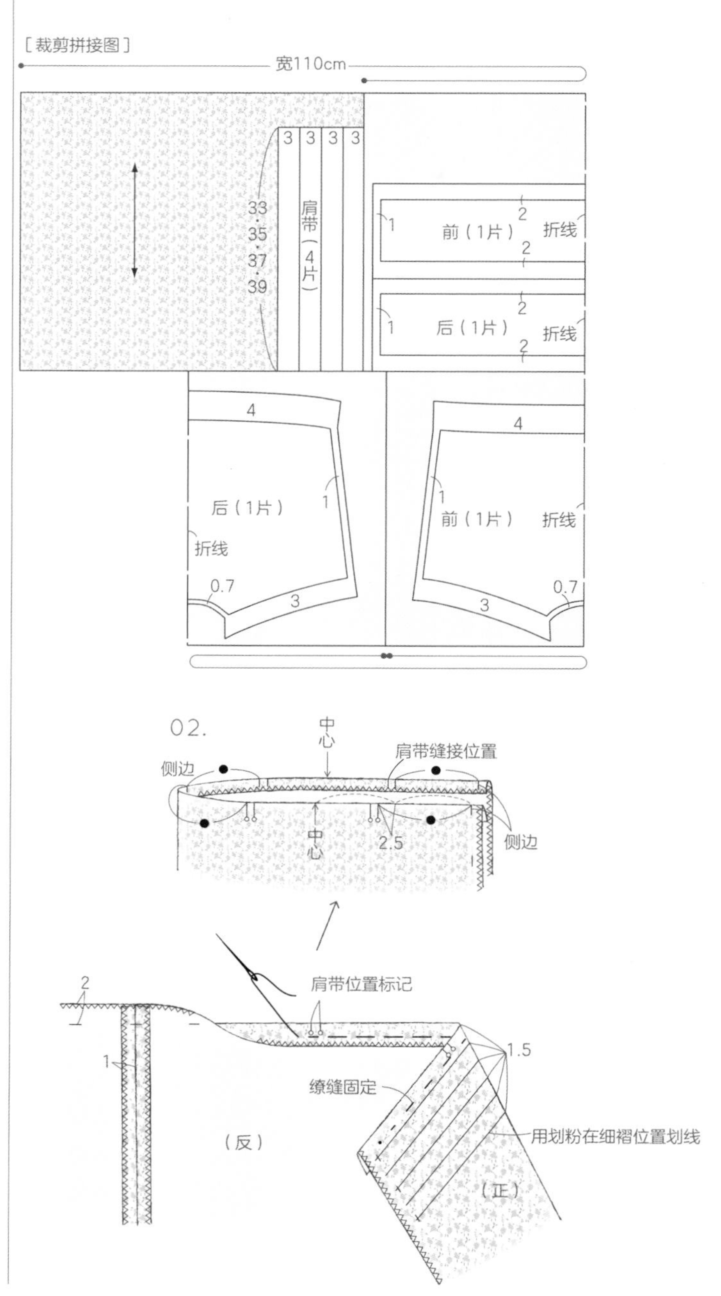

实物等大纸型 …… B面

材 料

布（碎花印染布）：宽 110cm × 80cm
松紧车缝线

制 作 方 法

准备　侧边、上下 M。

01.　缝合一端的侧边（缝份摊开）。

02.　上下按成品状态折入，缭缝固定。细褶位置标记于正面，制作松紧缩褶。
（收缩至约 1/3）

03.　缝合剩余的侧边（缝份摊开）。

04.　制作肩带，缝接。

* 猴裤的制作方法参照p.38
* M为锁边车缝的简称。

松紧车缝线的准备

稍宽松缠绕

线轴

松紧车缝线

调节螺钉
稍稍松开

稍加用力
就能拉出线

将成为里线的松紧车缝线缠绕于线轴，固定至车缝机。

02. 细褶位置标记。

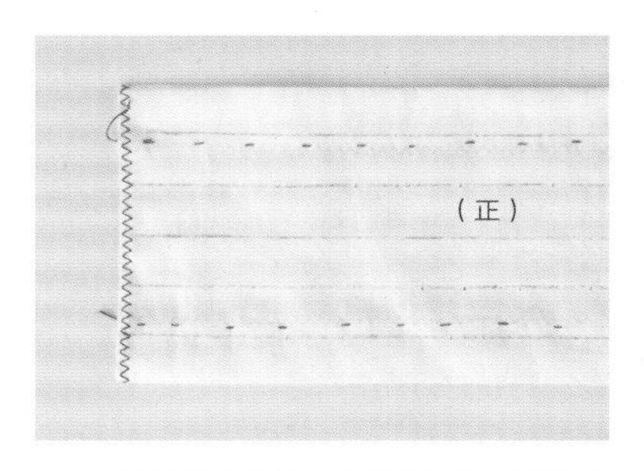

1 标记细褶位置，上下端部按成品状态折入，缭缝固定。

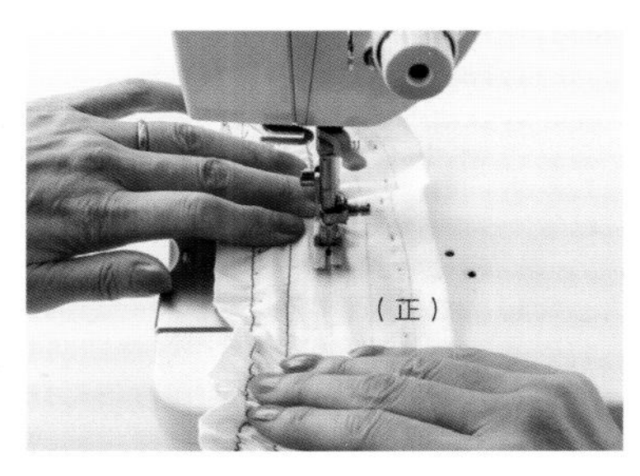

2 看向正面，在端部的标记上车缝，第 2 根线之后将收缩的布拉紧抚平。

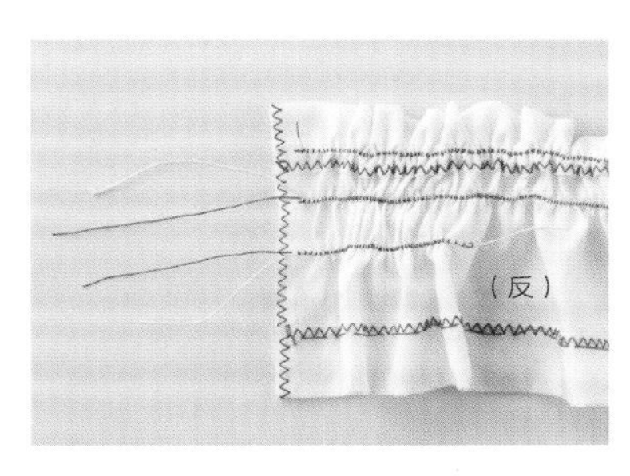

3 端部的车缝线和松紧车缝线一起打结。

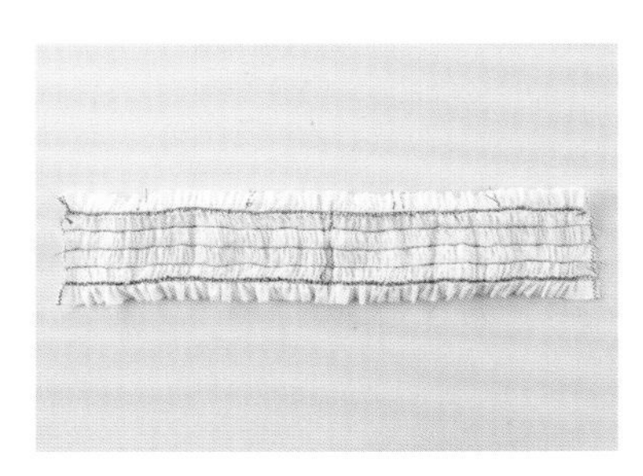

4 全部车缝完成。调整为最初长度的 1/3。

03. 缝合剩余侧边。

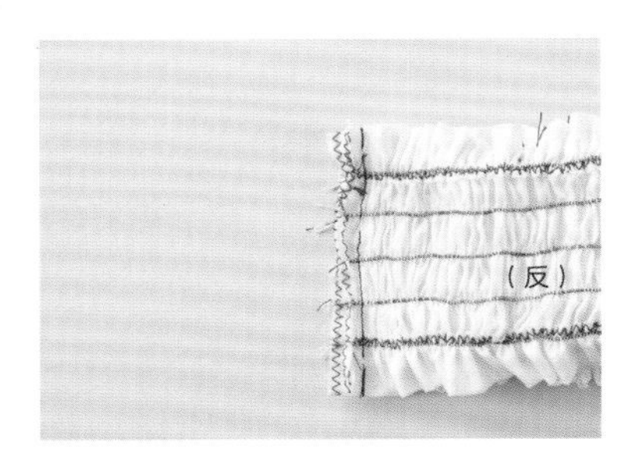

正面向内折入，车缝另一个侧边。

04. 制作肩带并缝接。

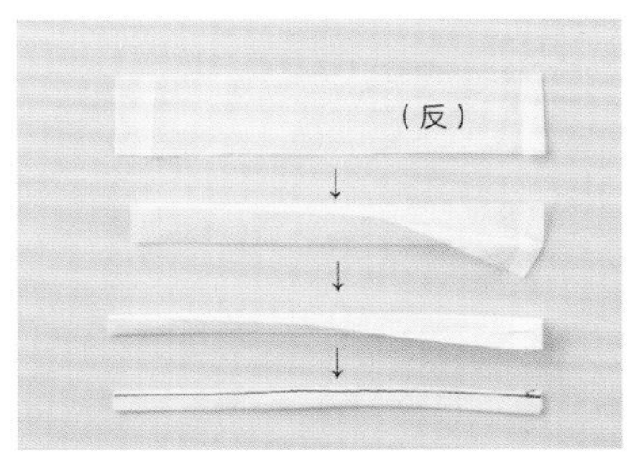

1 折入肩带两端，长度方向四折边，端部车缝。

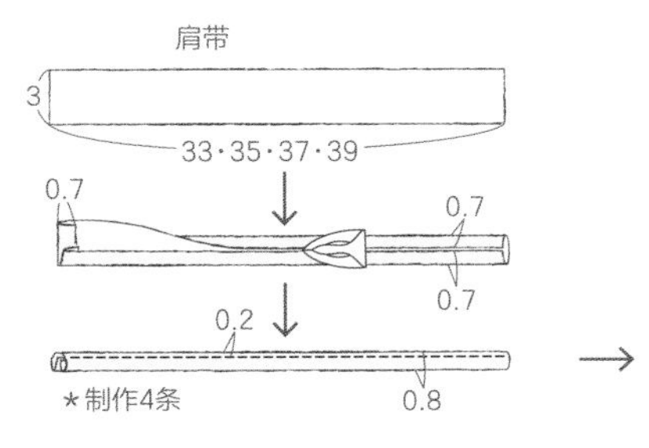

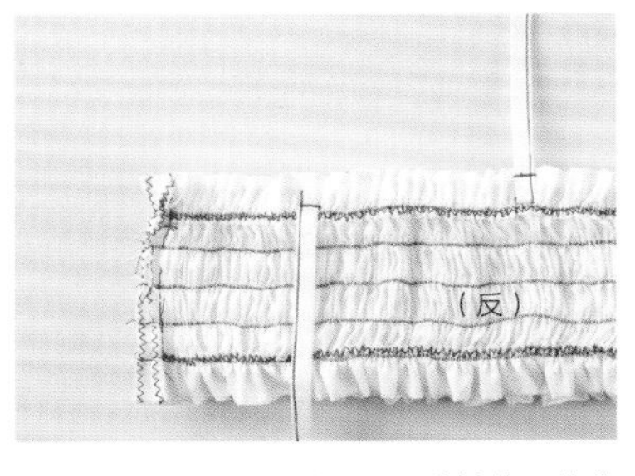

2 肩带朝下，车缝 3 次于缝接位置的背面，肩带朝上，上端同样 3 次车缝固定。处理后，折入端被隐藏，牢固缝接。

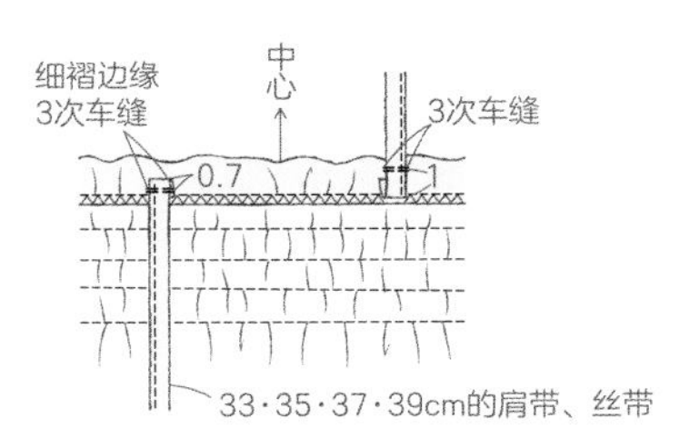

j.

罩衫

g.的连衣裙改短设计的罩衫，男女童均适合穿着。后侧用丝带或纽扣固定，任意选择搭配。

实物等大纸型 …… B面

材 料

布（亚麻布）：宽 145cm×60cm（80）、70cm（90・100）、80cm（110）
粘合衬：30cm×25cm
丝带（缎带）：宽 15mm×70cm

布（条纹棉布）：宽 110cm×60cm（80）、70cm（90・100）、80cm（110）
粘合衬：30cm×25cm
天鹅绒丝带：宽 15mm×8cm
按扣：直径 8mm×1 组
刺绣线（缝接按扣用）：适量

制 作 方 法

准备 粘合衬贴于贴边。贴边的背面 M。厚布料时，袖口、下摆也要 M。

01. 正面对合衣片和贴边，缝合领窝、开衩。磁石。夹住掩襟及丝带的位置留缝。整理缝份，夹住掩襟及丝带，固定车缝。翻到正面，缭缝固定贴边，明线车缝。

02. 袖口三折边（厚布料单折边）缝合。

03. 连续缝合袖下、侧边（2 片一并 M。缝份压向后侧）。厚布料时，逐片 M 之后缝合袖下、侧边（缝份摊开）。

04. 下摆三折边（厚布料时单折边）缝合。

05. 处理丝带（缎带）的端部。使用掩襟时，用刺绣线缝接按扣（→ p.47）。

＊M为锁边车缝的简称。

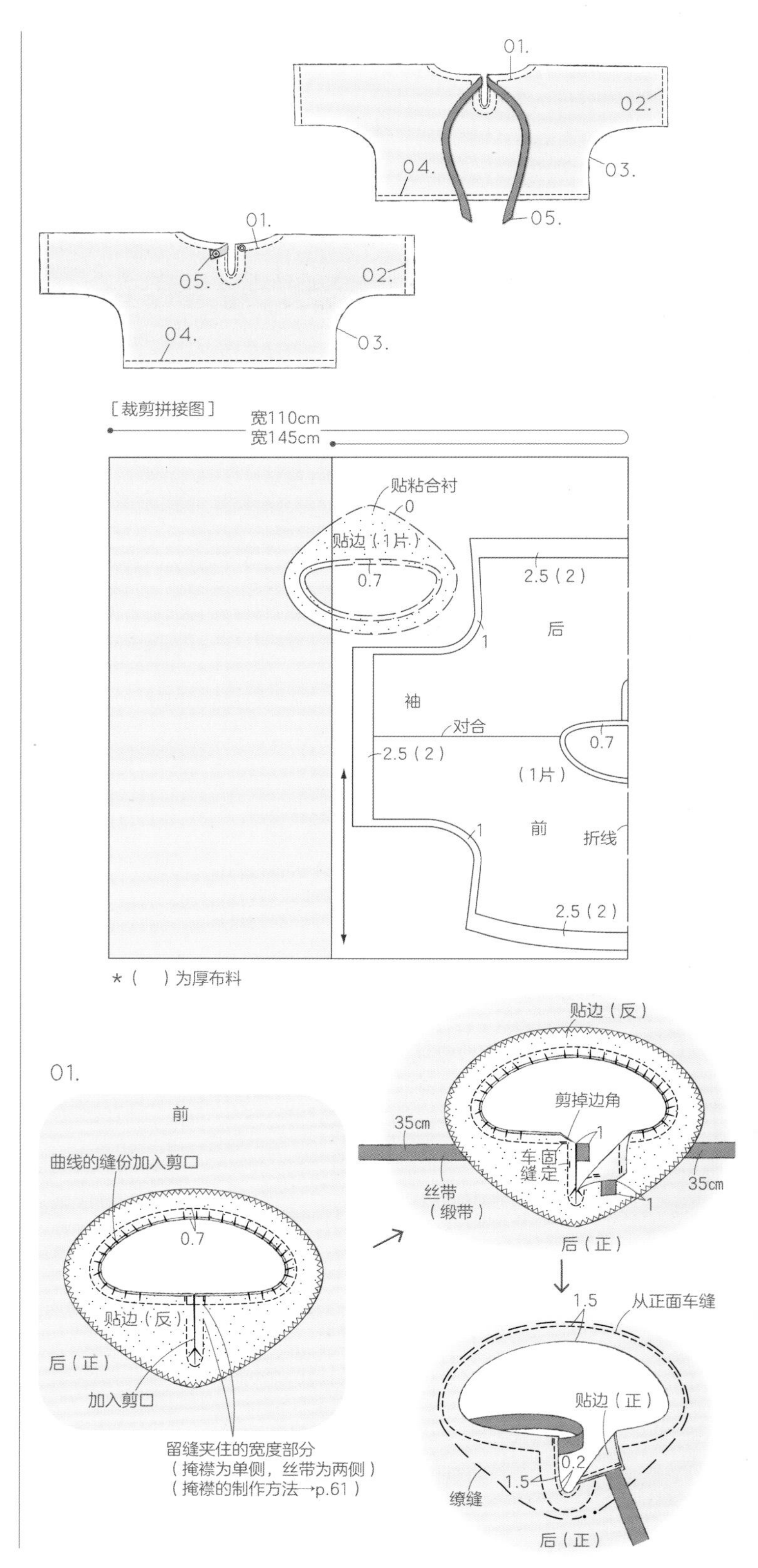

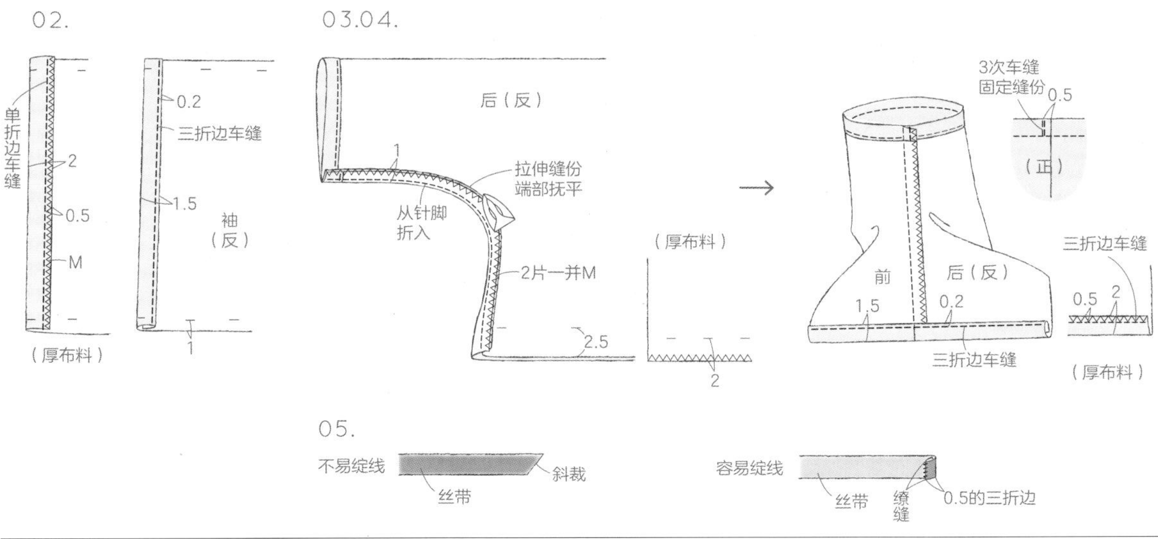

衬衣

粗细条纹的短袖衬衣。

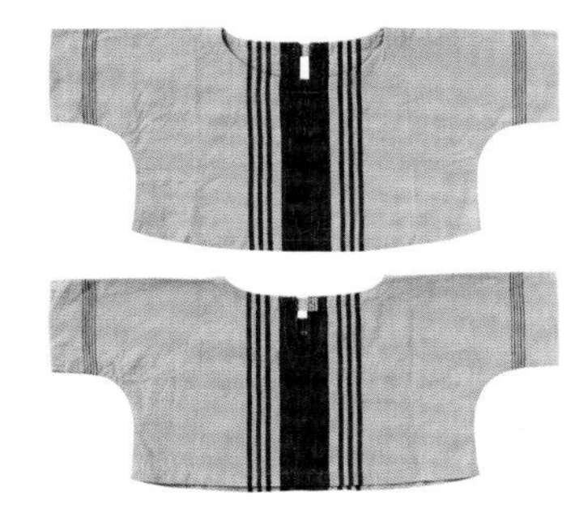

实物等大纸型 …… B面

材 料

布（条纹亚麻布）：宽 60cm × 80cm（80・90）、90cm（100・110）
粘合衬：30cm × 25cm
丝带：宽 1.5cm × 8cm
按扣：直径 8mm × 1 组
刺绣线（按扣缝接用）：适量

制 作 方 法

袖口使用布端的布边。
其他同 p.60。

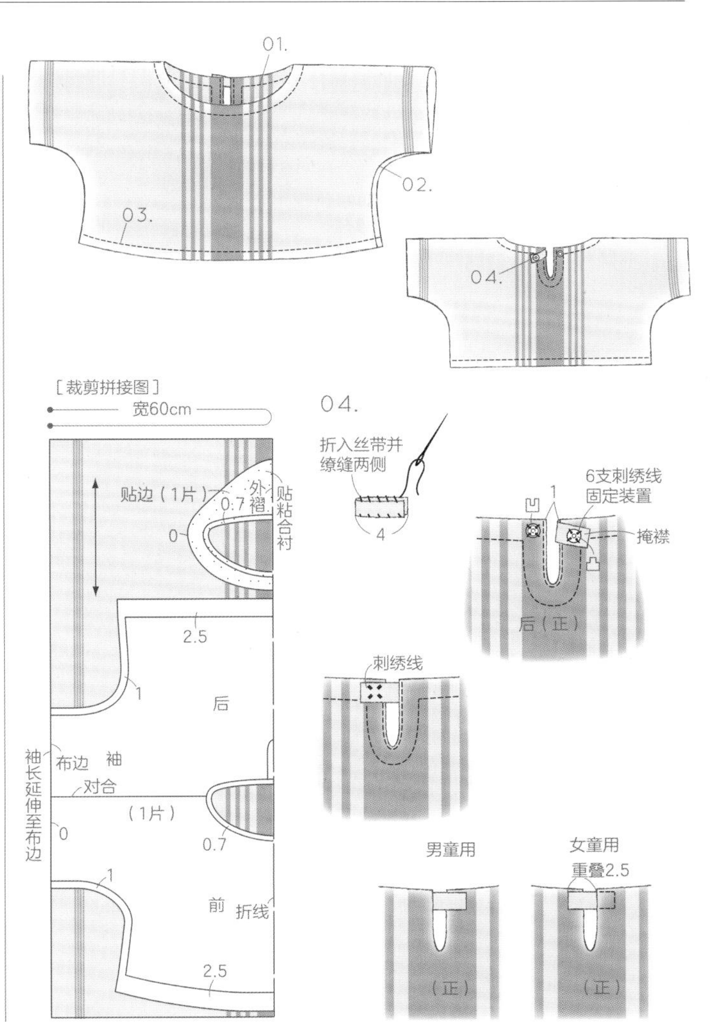

销售分类建议：手工 / 缝纫
ISBN 978-7-122-36650-4
9 787122 366504 >
定价：79.80 元